生 活
优质而轻松

晓嫒 编著

煤炭工业出版社
·北 京·

图书在版编目（CIP）数据

让你的生活，优质而轻松／晓嫒编著. ——北京：煤炭工业出版社，2019 （2021.5 重印）

ISBN 978 - 7 - 5020 - 7336 - 7

Ⅰ.①让… Ⅱ.①晓… Ⅲ.①成功心理—通俗读物

Ⅳ.①B848.4 - 49

中国版本图书馆CIP数据核字（2019）第 054836 号

让你的生活，优质而轻松

编　　著	晓　嫒	
责任编辑	马明仁	
编　　辑	郭浩亮	
封面设计	浩　天	

出版发行　煤炭工业出版社（北京市朝阳区芍药居35号　100029）
电　　话　010-84657898（总编室）　010-84657880（读者服务部）
网　　址　www. cciph. com. cn
印　　刷　三河市京兰印务有限公司
经　　销　全国新华书店

开　　本　880mm×1230mm$\frac{1}{32}$　印张　$7\frac{1}{2}$　字数　150千字
版　　次　2019年7月第1版　2021年5月第2次印刷
社内编号　20180648　　　　　定价　38.80元

前　言

什么是品位生活？它的标准又有哪些呢？

有人说，品位生活要有健康的身体，有良好的生活习惯，有财务的自由，有物质上的富足。

有人说，品位生活就是数码+音乐+咖啡+肯德基+书籍+高工资。

有人说，要有自己的房和车，经常为不知道吃什么而发愁，购物从不看价签，每天有一到二个小时的运动时间，起居有一定规律。

还有人说，品位生活就是极致的生活，有闲有钱、有健康、有文化、有修养、有情趣、有品位，心胸要豁达，往来而无白丁。

专家说："品位生活并不代表享受和享乐，关键在于你自己

需要什么，生活是否满足了你的精神和物质的需要。同时，今天的生活比昨天是否更进步了一些。"

对于我们大家来说，品位生活，就是对生活满意度的最高评价。进步的生活就是品位生活。而占有财富的多少、消耗财富的多少，并不是决定一个人是否拥有品位生活的决定性因素。只有在物质与精神两个层面上的生存状态都得到满足，才能说是拥有了品位生活。精神上不富有，所拥有的物质财富再多，生活也是苍白的，苍白的生活不是品位的生活。奢侈浪费、暴殄天物本身就是一种精神迷失。

研读本书，你会从中寻找到拥有品位生活的办法与途径，只要把这些办法付诸行动，你终将会获得你想要的那份品位生活！

目 录

|第二章|

优质的品格

目 录

|第三章|

优质的事业

|第四章|

优质的选择

目 录

|第五章|

优质的行动

|第六章|

优质的生活

第一章

优质的观念

面对真实的自我

　　我想优质生活的前提是会生活。诚然，对于任何一个生存在这个世界上的人来说，"生活"始终与他如影随形。不会有人说他自己没有生活。穿衣、吃饭、睡觉、说话；爱人、孩子、亲人、家庭；工作、同事、朋友、交际都是生活，这一切贯穿于每个人一生。应该说，每个人的基本特征是相同的，是什么构成了每个人不同的人生呢？是生活！

　　少一分担忧，多一分安心；少一分假装，多一分诚实；少一分焦虑，多一分快乐。这是优质生活追求的目标。回归内在自我的唯一途径，就是生活得简单一些。简单有平息喧嚣的力

量，让一切无休无止归于自然平静，它可以让人的内心富足。

梭罗说："所谓的舒适生活，不仅不是必不可少的，反而是人类进步的障碍，有识之士更愿过比穷人还要简单和粗陋的生活。"

在一个小城里，有一个叫李玉冰的女子，她从小就百病缠身，而且尤为严重的一个病症就是麻痹症。这种病会使人的身体失去平衡，手与脚会不听使唤地乱动，还会自言自语说出一些模糊不清的话语，十分怪异。在常人看来，她已失去了语言表达能力与正常的生活条件，更不要说什么前途与幸福了。但她硬是靠她顽强的意志和努力，考上了名牌大学，并获得了博士学位。她靠手中的画笔，还有很好的听力，抒发着自己的情感。在一次报告会上，一个学生对她提问："李博士，你是如何看待自己长相的呢？"在场的人都责怪这个学生不敬，但李玉冰却十分坦然地在黑板上写下了几行字："一、我很温和；二、我的皮肤很白、很美；三、父母是那么爱我；四、我有特长，我会画画；五、我有一只可爱的小狗。"最后，她写道："我只看我所有的，不看我所没有的！"一句精辟的概括。

当你为每一次日升日落、草木无声的生长而欣喜不已时；

当你向自己应该表示感谢的人敞开心扉说声谢谢时；当你热情地置身于家人、朋友之中，彼此关心、分享喜悦时，你的生活不再是停留在表面游荡不定，而是深入其中，聆听生活本质的呼唤，让生活变得更有意义。当你对人对己的需求越少时，你所获得的自由与快乐就越多。认清生活之中哪些是你应该拥有并且珍惜的，哪些是应该追求并且努力的，哪些是应该放下并且舍弃的。不妨去养两只宠物，一个叫放下，一个叫快乐。放下才会快乐，快乐地去放下。

你的内心深处有没有想过："为什么我没有一个姣好的面容？一个完美的外部形象？为什么我不能够给家人带去更多的快乐？为什么我的生活不富足？天天工作时间安排得满满，投入的精力也不少，可为什么钞票总是不喜欢我呢？究竟什么时候才能够过上我想要的生活呀？"当你有这种想法的时候，你是否感觉自己的内心在一天天的枯萎。容貌是父母给的，是无法改变的，而精力与时间也可以通过自己的安排自行掌控，你要面对真实的自我，因为只有真实的自我，才能让你由内而外的神采奕奕，精神焕发。当你为拥有一幢别墅、一辆私家车而加班加点地拼命工作；或者是为了一次提升的机会，而默默承受上司苛刻的指责，并长年累月赔尽笑脸；为了频繁的约会精

心打扮，强颜欢笑时，你真应该问问自己干吗这样，它们真的那么重要吗？只有按照你自己的内心去做事情，你才会感觉到快乐与幸福，才会让你那干枯的心灵得到润泽与慰藉。面对真实的自我，请从现在开始。

不完美的自己去做完美的事情

　　生命与生活，一个是有限，一个是无限。至于每一个有生命的个体，从他出生的那一刻，直到他死亡的那个瞬间，生活都不曾离开过他的左右。他们从始至终都在与生活进行着抗争，有的人会将奋斗进行到底，而有的人会对它妥协，还有的人就在奋斗与妥协的边缘徘徊。生活中缺陷总是存在的，有太多的人想追求完美。然而又有几人做到了真正的完美呢？用不过分追求完美的平和的心去用尽心力完美地做好每一件事情，你定会感觉到生活是如此的轻松与惬意，更能够发现生活中许多美好的事物就在我们身边。生活给了你明亮的眼睛，让你去

寻找光明与希望、幸福与快乐。

很久以前，有一个技艺精湛的老玉匠，希望有人能够把他的手艺学会，并且发扬光大。于是他收了三个徒弟，大徒弟、二徒弟和小徒弟。经过六年细致耐心地传授以及弟子勤奋刻苦地学习，老玉匠想考察一下他们的学习成果：

经过仔细思考，终于在一天夜里，他把三个徒弟叫到跟前并且交代说："有一块没有任何缺陷、毫无瑕疵的美玉在崇山峻岭的深处，它是一块无价之宝。你们学艺多年，是检验你们的学习成果的时候了，你们也应该去成就自己的一番事业了，去找那块没有瑕疵的美玉吧，找不到就不要回来见我。"三个徒弟第二天清早就踏上了寻找美玉之路，向深山进军。

大徒弟是一个非常执着的人，并且注重生活实际，他在途中，偶尔会发现一块有些瑕疵的玉石，也会发现一些成色质地粗糙但是形状很特别的玉石。每每于此，都会很细心地将各种玉石归类并且一一放到包裹里面。经过四年，已经到了他和师弟们约定回家的日期。当他看到满满的行囊里有各种各样奇形怪状、颜色不一、成色不等的玉石和一些充其量只是"奇石"的东西时，心里还是有一种失落感，担心师父不会让他进门，

因为他根本就没有找到师父所说的最为完美的玉石，但是他很想念自己的恩师，即使被师父训诫，他也要回去。同时他的心里也有一种满足感，在他看来，这些玉石也很美，虽然没有达到极致的完美。

这个时候他看到两位师弟，可是他们都两手空空，什么也没有拿到。只听小师弟说："你这些东西都不过是很一般的东西，外人可能会认为是宝贝，但并不是师父要我们找的绝世珍品，拿回去师父也不会满意的。"他继续说，"我不回去，师父说过，找不到绝世珍品就不能回家，我要继续去更远更高更险峻的山里去寻找，我一定要找到绝世的美玉。"二师弟和小师弟的意见一致，于是玉匠的大徒弟一个人带着他的那些玉石回去见师父了。当他把自己的成果交给师父看时，师父脸上露出了笑容，一扫大徒弟往日的担心。

于是他又把两位师弟说的话传达了一遍。师父听了以后叹了一口气，说道："你的师弟不会回来了，他们俩是不合格的探险家。如果他们幸运的话，能够中途醒悟，明白"至善至美是不存在的"这个道理，是他们的福气。如果他们不能醒悟，

便只能付出一生的代价了。"

不久后，大徒弟开了一家宝石店。经他加工的玉石，每一块都价值连城，堪称无价之宝，皇宫里的贵族都找他买玉石，可想而知他的知名度和财富。短短几年过后，大徒弟的玉石馆已远近闻名，在他寻找到的玉石中，有一块经过加工，成为不可多得的极品，被国王用作了传国玉玺，大徒弟也因此有了倾城之富。

又经过三年，二徒弟回来见师父，他只找到了几颗玉石，但是却费了很多的心力，师父见过后，面带笑容，为他的醒悟感到庆幸，同时也为小徒弟而惋惜。

又过了很多年，师父已经奄奄一息了。大徒弟和二徒弟对师父说要派人去寻找师弟。

师父说，不要去找了，经过这么长的时间和失败都不能使他醒悟，这样执迷不悟的人，即使回来了又能够做什么事情呢？世界上并没有完美的玉，也没有完美的人，为追求这种东西而耗费生命的人何其愚蠢啊！

这个世界上根本就没有最为完善和完美的人和生活。只要我们认真地过好每一天，认真地做好每一件事，把每一个小小

的收获都精心地收藏就好。最为优质的生活，不是最为完美和完善的生活，而是努力地将自己的生活过得完美和完善的那个过程。单纯地追求完美的优质生活，那就会和故事中的小徒弟一样，不仅徒费工夫，而且是空耗生命。最后，不仅什么也没有得到，还会落入"白了头，空悲切"的境地。

做自己情绪的主人

人活在世界上并不是一种简单的存在形式，每个人身上都蕴藏着巨大的潜能，你应当充分利用自己生命中的每一个时刻。有许多人的生存状态可谓是半死不活，日复一日周而复始地重复着同样的事情，没有生活的目标和方向。究其原因，是人的情绪在作怪，你情绪低落时就会变得毫无斗志，没有前进的动力，觉得无力改变现在的生存状况，做什么都是无用功，只能无能为力地继续打发时间，浪费生命。心理学显示，人类有九大情绪，其中有一个是中性的，正面的情绪有两种，而其余六种都是负面的情绪。由于人的负面情绪占绝对多数，因

此，人不知不觉就会进入不良情绪状态。我们只有把好的情绪充分调动出来，使大家经常处于积极的情绪当中。好的心情，使你产生向上的力量，使你喜悦、生机勃勃，沉着、冷静，缔造和谐。大凡开心快乐、生活美好的人都是生活中自我情绪的调控高手。他们是怎样做到的呢？

1.爱人的心

世界的每个角落，我们都可以发现美的踪迹，在生命最轻微的呼吸中，我们也能够感觉到美的奇迹。一沙一世界，一花一天堂。这些美好的感觉，只有拥有一颗爱心的人才能够发现。因为他们拥有能够把爱心化为一种温情的力量，这种温情能够穿越冰山，融化冷雪，就如雨后的彩虹、冬日里的阳光一样，把美丽播撒到世界的每一个角落。拥有爱心的人，是世界上最有影响力的人。

2.感恩的心

感谢命运，感谢生活。常怀感恩之心的人，会生活得很快乐。感谢那些中伤你的人，因为他们让你学会坚强，学会在逆境中生存。感谢那些曾经欺骗过你的人，因为他们丰富了你的智慧。感谢那些否定你的人，因为他们磨炼了你的意志。用感恩的心看待世间之事，你的生活就如百花一样灿烂与芬芳。

3.好奇的心

不满足是向上的车轮。人们为什么满足呢？是因为人们有好奇心，用好奇的心去探索，人生无论成长到哪个阶段，都不能丢失了好奇心，像个孩子一样去欣赏那些美妙的事情。好奇心让你敢于尝试，便会创造一些别人没有的机会。如果你不希望你的人生暗淡无光、索然无味，那就保持你的好奇心，让你的潜能得到发挥。人生是一场永无止境的学习与探索，其中"好奇"是发现神奇的动力。

4.热情的心

在一条起跑线上，当一声令下，你就要冲击目标，就要争分夺秒。把握时机、提速前进、排除万难，而拥有一颗热情的心会让你赢得时间、赢得主动，大获成功。热情具有强大的力量，它会为你的生活增添色彩，也会把你的困难的难度系数降低，甚至会将它化为机会。19世纪英国著名首相狄斯雷利曾说："一个人要想成为伟人，唯一的途径便是做任何事都得抱着热情。"那你如何才能有热情呢？像拥有好奇心、爱心、感恩的心一样，你可以通过改变谈话的语气语调，有理、有力、有节。同时也可以通过改变思考问题的角度，以及有个长远的人生目标。如果不想你的人生浑浑噩噩地过去，那么就行动起

来吧！从生活中的每一件小事做起，成功终将属于你。

5.坚忍的心

做事情只有热情是不行的，你一定要具备一颗坚忍的心。做事"三分钟热情"的人常有，然而没有人能够到达胜利的彼岸，多数都是浅尝止。其主要原因是，缺乏毅力。毅力能够决定我们在面对艰难、失败、诱惑时的态度，看你的毅力是否能够坚持到最后。如果你是个很胖的人，想变得苗条，就得去减轻身上多余的负担；如果你的事业受挫，想重整旗鼓，就得从头开始，一步一个脚印；如果你想做好任何事情，那么你一定要具有毅力，做事情如果没有毅力做基石，那么你注定会失败。

毅力是你动力的源头，能把你推向任何想追求的目标。一个人做事是勇往直前还是半途而废，就看他们是否具有毅力的"情绪肌肉"。单单埋头苦干并不表示你就拥有毅力，你必须能够观察到现实情况的变动，并不失时机地改变自己的做法。

6.变通的心

你要有一颗变通的心，它会帮助你更快地取得成功。根据目标作出相应的改变，是一种弹性的做事方法。

一条小河的目标就是有朝一日能够融入大海的怀抱，所以它经历重重阻挠，绕过高山与岩石，又穿过森林和田园，一

路奔腾，畅行无阻。可是当它来到沙漠时，却被困住了，因为无论它多么努力都无法越过沙漠每次都是渗到泥沙之中。这时候智者点醒了它，不要一味地向前冲，要学会利用一切优势，找到切实可行的办法，那终会达成心愿。于是小河投入了微风的怀抱，蒸发了，化做轻盈的水汽。第二天，它又化做了小雨点，终于融入了浩渺的大海，完成了它的心愿。

要你选择弹性，其实也就是要你选择快乐。每个人在人生中，都会遇到诸多无法控制的事情，然而只要你的想法和行动能保持弹性，那么人生就能永保成功。

7.自信的心

如果自己都不相信自己的话，那么没有人相信你！

如果让成年人去造句，他一定会信心百倍地说出许多优美的句子，然而让初学造句的小学生来完成，他就要绞尽脑汁去思考，而且造出的句子也许还会出错，不尽如人意。人们往往对于自己做过的事情有信心，就是因为对这些事情不陌生，也不恐惧。

如果想对未做过的事情有信心，就要在自己的内心建立强大的信念，"我有信心把它做好，我自己是最棒的。"想想你

为什么没有信心？是因为你的胆子不够大，不勇敢，怕失败？与其一个人担忧，不如把担忧的时间放在行动上，只要用心去做，不必考虑结果。正是因为你把心力放到了行动上，你往往会取得意想不到的成功。要记住，你因自信而美丽。

8.快乐的心

快乐是人生的追求，要想让自己很容易变得快乐，你就必须有颗快乐的心。

拥有快乐的人，他的内心更多了一份坦然、达观，困难不能使他感觉到恐惧，也不会有挫败感，不开心的事情，也不会让他气愤。

9.活力的心

保持一颗活力的心，首先要有健康的体魄；其次要保持足够的精力。要想保持足够的精力，就要多加强体育锻炼。研究发现，人越是运动就越能产生精力。人在运动的时候可以让大量的氧气进入身体，让身体器官都能充分活动起来。另外，每天睡眠保持在六至七小时。保持富足的活力、控制良好情绪，是获得美好生活的必要因素。

10.奉献的心

当你独自走在路上，有位迷路的阿姨向你投出求助的眼

神，你会无动于衷吗？当公交车上老人步履蹒跚地从年轻的你身边走过时，你还会坦然地坐着吗？帮助别人不仅能够丰富你自己的人生，而且你的心里会有无限的满足与兴奋。一个能够独善其身并兼济天下的人，才活出了人生的真谛。拥有服务精神的人生观是无价的，如果人人都能效法，这个世界定然会比今天更美好。你应该在努力学习知识的同时，拥有属于自己的自信，并通过无私的付出与拼搏，取得真正的成功，并获得永恒的快乐，你便会拥有这世界上一切美好的东西。

拥有"十心"，是成为情绪控制高手的必要条件，那么，你想成为情绪控制的高手吗？快快行动吧！

莫空虚

生活中，有很多的人被各种各样的欲望、紧张、忧虑、焦躁所困扰，他们的内心不能宁静，没有办法快乐和开心地生活。既然不宁静、不快乐和不开心，那么就谈不上拥有什么优质的生活。事实上，统计发现，生活中大部分的紧张是毫无必要的。

40%的担忧永远不会发生；

30%的忧虑涉及过去的决定，是无法改变的；

12%的忧虑集中于别人出于自卑感而作出的批评；

10%的忧虑与健康有关系，而越担忧，问题就越严重；

8%的忧虑可以列入合理的范围。

既然如此，为何你的内心不能平静呢？平静的心灵，可以使我们对生活有更多的信心。

当阿勇还在医院当实习医师的时候，经常没日没夜地忙碌工作着。他为赶交报告，独自一人在空旷的办公室加班至深夜。每当夜深人静的时候，他的内心总是感觉十分的平静。他可以利用这个时间，想想白天工作时的一些案例，思考一下自己对工作以及生活的认识，同时更加能够清晰地把握自己工作的方向。

有一天深夜，阿勇在办公室研究一大堆资料及报表，当他正细心分析一个病人的病历时，突然听到一声叩门声。他当时以为是加班的同事找他有事情，但当他打开门时，却发现是陈笑宇，一个性格非常忧郁的孩子。笑宇那时只有18岁，几年来阿勇对这个名字一直很熟悉，因为笑宇是阿勇来医院的第一位患者。当阿勇问他，为什么凌晨两点还不休息而在外面游荡时，笑宇说："只是想出来散散步，想一想事情。"阿勇请笑宇进屋，让他坐在沙发上，他们一边喝着咖啡一边聊天。

时间在一分一秒地流逝，他们两人分享着彼此的想法，一

起感怀过去，畅想未来，包括谈及令他们恐慌的事、遭遇的困难。笑宇的话语中，明显地流露出他对生活的恐惧与焦虑的情绪状态。

他提到女朋友最近和他分手了，又提到他的课业不算理想，他想当老师，但他担心这样的成绩没有办法考上满意的学校，而且他的父母因为他的学业还吵了一架。他认为所有的这些都是他的错。他慨叹自己命运的悲惨。

阿勇耐心并且聚精会神地倾听着并时不时地给他鼓励，为他打气，希望他不要放弃学业，继续学习。并告诉他只要努力，一定会实现理想的，也谈到该如何正面迎战那些困难与挫折。他当时很受鼓舞，似乎身上充满了无穷的斗志与勇气。不知不觉中，时间到了凌晨四点，阿勇把笑宇送回了病房。

经过那夜之后，笑宇时常来阿勇的办公室与他交谈，并且告诉阿勇他最近的生活状况，会不时地分享彼此对待生活的看法与感想。由于笑宇性格讨人喜欢，所以他与阿勇的同事也成为了好朋友。

在和笑宇第一次谈话后六个月，阿勇被调到别的医院实习，

在调任两年后，阿勇接到一封毕业通知书，是笑宇寄来的。

亲爱的李勇医生：

我非常感谢你在那个深夜对我的关心。也许你并不知道，那天晚上我心情很糟糕，感到上天总是在捉弄我，我生命中发生的每一件事情，都是如此地不顺利，不知道昨天是怎样度过的，更不知道明天要如何去过，没有了生活的勇气与信心，想一死了之。就当我走在街上时，我看到你办公室的灯亮着，我决定去跟你谈谈话。那次谈话，以及你的细心倾听，让我感觉到生命中仍有许多美好的事物。是你教会我要勇敢面对生活，你所提到的那些选择和点子，对我都十分受用，即将高中毕业的我，已经申请进入一所大学就读，对我来说，实在没有比这更快乐的了。我知道在前进的路上，会有很多的阻力与困难，但我知道自己一定会克服重重困难，会带着希望与梦想乘风破浪，驶向那光辉胜利的彼岸。

阿勇认为，那夜的谈话只是再平凡不过的一件事了，根本就没有想到自己对笑宇的帮助会那样大。通过阿勇的故事，不由得让人想起卢梭曾经说过的一句话，他说："生活本身没有

任何的价值，它的价值在于你如何去使用它。"是呀，生活在人世中的每一个人，并没有很大的差别，只要相信每一个人身上都蕴藏着一种能量，包括由内而外地救助自己或者对其他人给予援助，这种能量就像是太阳一样，能够照耀到世界的每一个阴暗的角落。

如果你的心理足够平静，能够顶住最坏的状况与境遇，那么不开心的事情就如过眼烟云。同样，克服困难让你更加充满斗志地面对人生，也让你焕发出新的活力，给你的生活添彩。而那些不能面对生活窘迫状况的人，只会报怨生活对他的不公，同时不能够从现实中寻找原因，遇到棘手的事情性格就变得易怒、退缩。他们不会从灾难的生活中尽可能的自救，不但无法构筑自己人生的大厦，反倒是被困难吓倒，陷入无底的深渊，无法自拔，使自己的精神逐渐走入空虚的境地，迷失了生活的方向。

和乐之美

　　优质的生活也应该是一种简约而美丽的生活。试想一个堆满杂物的房间，无论如何也不能很好地美丽起来。同样一个人拥有杂乱的心境，无论如何，也不能使心境好起来。所以，糟糕的生活也是糟糕心境的一种反映。只有摒除了内心毒草的人，才会拥有良好的生活。

　　某地的森林里长满了林林总总的树木，有的娇小，有的挺拔，有的古朴，有的参天，不一而足。它们都健康地生长在这方沃土上。森林里还居住着它们十分尊敬的树神，一片安静祥和的景象。一些到森林里来拾柴或采摘野果的人，都会得到树

神的眷顾，使得他们能够在炎炎的夏日里躲开日光的照射，可以在树下乘凉，还能够喝到甘甜的泉水。直到一只鸟的到来，改变了这里往昔的宁静，它的嘴里有颗带毒的种子。这只鸟落到一棵大树上休息，种子掉落到地上，这个毒种子在沃土里以惊人的速度成长着。这时候，巨毒扩散开来，大树顷刻之间枯萎了，而且也将毒蔓延开去。所有的小树都向树神求救，树神在为大树悲哀的同时，也有些力不从心，因为他实在没有想到解决的办法，一阵恐慌向他袭来。如果再找不到解决的办法，或许在七天以后，这片森林便会消失得无影无踪。

就在树神百思不得其解的时候，突然间从空中传来一种声音，那个声音传达的意思就是树神苦苦思索的答案，它告诉树神，要解决问题必须从源头看，除去毒草的根就能救活整个森林。

这时候从远处隐隐约约走来一个青年人，于是树神化身为人身，和青年人迎面走去。树神对年轻人说，这棵树下有许多的财宝，只要你把这枯树的树根挖出来，你就会得到财宝。年轻人听说有财宝后，马上迫不及待地挖起来。

当把树根全部挖除的时候，财宝一一呈现在年轻人的眼

前，树神把财宝给了年轻人，年轻人高高兴兴地回到家里，大森林又恢复了往日的生机盎然与宁静。

可见，心情和乐的前提是摒除心中的毒根。只有割除了病痛的根源，才会健康永相伴。

一百个人就有一百种不同的活法，同样他们对品尝同一个鲜美的果子，也有着各自不同的感受。你可以，像诗人一样充满激情与浪漫，像僧人一样充满开悟与通达，像学者一样充满书香气息，像军人一样充满纪律，像老者一样审慎思考，像孩子一样欢歌笑语。

一位富有智慧的人丢了马，朋友说你真是不幸，老人答道，这可未必呢？不久以后，走失的马又带回了一匹马回来，朋友说，你真是幸运呀！失而复得还变本加厉呢！老人答道，这可未必呢？老人的儿子骑马时，从马上摔下来，腿摔断了，他的朋友说，你真不幸，宝贝儿子的腿摔断了。智者回答，这可未必呢？经过了两个月，国家打了败仗，需要大量的士兵支援前线，于是那些健全的刚刚被征的兵都战死在沙场上，无一幸存。老人的儿子却躲过了征兵，依然健康地生活着。

这个故事还可以继续讲下去，你感受到智者的智慧所在了

吗？即使你的生活并不如意，你也要正视它，更不要想去躲避它，更别用恶言恶语去中伤它。一个人最富有的时候，也是他最贫穷的时候。无论你是什么样的人，首先一定要净化自己的精神世界、净化自己的心灵，才能达到心情的和乐、人生的美满。任何事情是好是坏并不知道，然而你却很清楚你的内心。它的平和它的快乐，会使你的人生更洒脱、自然、美好。

热爱生活，过有意义的人生

上帝给每个人一杯水，于是，人们从里面体味生活。

当你刚刚来到世界上时，你的人生就好像是一杯清澈透明、无色无味的水，而正是因为有了生活的介入，这个杯子才变得丰富多彩，五味俱全。然而生命的总量是不会改变的，它始终是一个杯子，而生活是否有意义完全取决于你自己。

生活就像是一杯水，清澈透明，无色无味，对任何人都一样，接下来你有权利加盐或者加糖，只要你喜欢。生活中的人们，因为欲望，为了让自己的这杯水色香味俱全，在里面加了各种各样的作料。诸如亲情、友情、爱情，金钱、工作、家庭，喜、怒、哀、乐、愁等等，所以每个人都觉得非常地累。当劳累到一定程度，也就是生活这只杯子的容量无法承载的时候，人生也就垮掉了。所以，当你向人生的这只杯子不时地加水或者加作料的时候，应该有选择地适当放入你的调料，生活才会有滋有味。所以有品质、高质量的生活，是人们对自己的生活有所选择和适度地把握结果。你要精神多一些；或者你要物质多一些；你要金钱多一些，或者你要快乐多一些，一切都在于你自己的均衡。均衡的最终结果是使你生活的这杯水更符合你自己的味道，你生活的这只杯子不破，这才是你理想的优质生活。

有这样一个女孩儿："她对一切都漠不关心，做事情漫不经心，不喜欢学习，平时对于自己的着装也从不打理，甚至衣衫不整，一切事情都不能吸引她的注意。"是什么原因让她变成现在这个样子的呢？这是一直困扰女孩儿妈妈的一个问题，最后她没有办法，只得向心理学医师求助。

女孩儿的妈妈对李医师说："先生，我弄不明白她是怎么回事。她如今都18岁啦，还这么不懂事。这可叫我如何是好？"

只见李医师微微地笑着说："给我和她一些单独相处的时

间，可以吗？或许我能够找到她对一切提不起兴趣的原因。"

　　女孩儿的妈妈走后，李医师把小姑娘请进诊室，他细心地观察着小女孩儿的举动，她的衣服不整洁，头发和脸蛋似乎几天没有洗，但仍旧无法遮掩她的美丽，这份美是被她的漫不经心、无所事事给掩盖了。小女孩儿的心理年龄和实际年龄显然有着一定的差距。

　　当李医师与小女孩儿聊天的时候，她的头左顾右盼，满不在意的样子。医师细心观察的同时，静静地说着："孩子，你是个很漂亮、性格非常好的女孩儿，这些难道你不知道吗？"

　　只见小女孩儿的眼中闪现着惊奇的目光，脸上绽放出甜甜的笑容，并疑惑地向医师询问："真的吗？"李医师又坚定地说："我说你是个美丽可爱的女孩儿，性格也很好，你怎么就不知道自己拥有的这些呢？"

　　小女孩儿高兴得说不出话来，欣喜的眼泪从眼中溢出，脸上写满了喜悦，也许平时充塞她耳际的多是嘲讽与训斥，还有母亲的抱怨、指责。所以她才会一蹶不振，变成现在这个样子。

　　李医师继续说道："明天晚上我去听交响乐，你愿意同去吗？不过呢？你要打扮得干干净净、漂漂亮亮的。"小女孩儿十分高兴，开心地和妈妈回家去了。第二天晚上六点，小女孩儿准时出现在诊所门前。李医师打开房门时，竟有一刹那的讶异，甚至是震惊。只见小女孩儿美丽地来到了他的面前，一身白色的长裙将她衬托得如水中之莲，圣洁、高雅。晶莹剔透的眼眸光亮夺人，曼妙的身材楚楚临风，清秀的脸庞写满了天真，让医师简直认不出来了。她的一颦一笑、一举一动，她的文雅、自持、适度与之前那位邋里邋遢的形象有着天壤之别。当小女孩儿来到剧院时，她被那美妙绝伦的乐音所感染，坚定了她将来要当歌唱家的决心。从这以后，小女孩儿变了，她热爱学习，奋发向上，终于不负众望，成为了一名歌唱家。

　　也许你从小在一个孤儿院里长大，你也会有开心愉悦、骄傲满足的时候。阳光照耀在你的窗前像照在其他家庭一样的温暖、光亮；在你的门前，积雪也会慢慢地融化。一个对生活有着深刻感悟并充满热爱之心的人，同时也是一个幸福的人，你的人生将从此变得缤纷多彩。只要你热爱生活，是一个从容面对生活的人，只要你热爱生活，那么无论你在哪里都会像在皇宫中生活一样，开心快乐、心满意足。

　　对生活的热爱，对人们、对大自然、对一切美好事物的热爱，会使一个人转变、认识自己，从而努力对社会作出贡献。

幸福不是别人给你的

　　偶尔会听到朋友这样说："为什么和他在一起我一点也不快乐呢？为什么他不能够给我应有的幸福？我真是看错了他，选择他，注定我的人生从此暗淡无光了。"请问，你的快乐是什么呢？你的幸福又是什么呢？

　　找到你感觉不幸福的因素，直面它，如果不能打败它，就要运用迂回的心理策略，淡化它、不在意它。要知道这就是你的人生，你必须真真切切、诚诚实实地面对它。只有自己才是你生命的主宰，不要把命运交付在别人的手中，人仅能活这一世，它无法倒流，所以无论什么样的生活，它都是独一无二

的，非常有意义的，值得你好好去珍惜。爱人者人恒爱之，敬人者人恒敬之。直面生活很简单也很难。简单是因为一个人只要存在于世上，他就在生活；艰难是因为生活是一个万花筒，我们如何身处其中，不被迷惑，好好的生活很难。但是无论简单还是艰难，我们都得生活。有句诗"一样春风弄颜色，桃花含笑柳含愁"。同样是直面春天，桃花就笑，柳树就愁，桃花和柳树面对春天的状态，像是我们现实生活中的人们。既然无论如何都得生活，所以，我们要快乐，不要忧伤；可以舍弃暂时的享乐，追求长远的快乐。而且时间也不会因为你的不快乐、不幸福而为你驻足、为你停留。

人能够掌握的只有自己的思想，幸福是人内心的一种感觉，不要把自己的幸福寄托于他人身上。自己才是一支箭，若要它韧，若要它利，若要它百步穿杨、百发百中，磨砺它、拯救它的都只能是自己。

求大同存小异

看问题的角度有许多种，而有这样一个角度，这个角度会让你变得开朗、自信、快活许多。因为没有绝对，你的心才永远不死，才愿意等待，并欣然期待着，直到一切都好起来！

曾看过一个电视节目，是关于挑战生命极限的，因为它的困难指数很高，我想无论是在现场的还是在电视机前的观众，都会觉得心惊胆战，惊心动魄。每一期节目会有八个人参加，这八个人必定会有一个胜出，奖金金额不少于60万元，这是个巨大的诱惑。这种极限运动的宗旨，就是要挑战一切不可能。每一轮活动，都会有一个人与虫在一起的过程，会有人端

上一个大的容器，里面有各种各样让人不忍目睹的丑陋又可怕的爬虫，要求参加比赛的人员把头伸进这个容器里面，这种活动要比蹦极刺激得多。

然而，到了这个环节，所有参赛者都纷纷要求退出，拒绝了这项挑战。他们纷纷表示，就算是丢掉60万元，也绝不会与这些丑陋的虫子接触！原来在这许多虫子当中最难看、最丑陋、最令人恐惧的爬虫是一种蛹，这种蛹产于非洲，它不仅体积大而且浑身还长满了毛，口吐黏液。当数百只这样的大虫在容器里蠕动，只看一眼都令人感到毛骨悚然，更别说把头伸进其中了。

可是又有谁知道？这些恶心的、令人作呕的蛹脱壳后，蜕变成了美丽的蓝蝶。有许多人都把它作为珍贵的标本收藏。你看，原来给你60万元，你都拒绝碰一下的东西，时隔两个月，却变成了人人都想抚摸的漂亮蝴蝶。事情全变了！

人生在世，一切都是无常的、是活的、不断变化着的。就是在最糟糕的时候，也没有必要绝望。别把事情看得太绝望，因为天下没有绝对的事！要从多个角度去看问题。

有一个富人，虽然很有钱，可是他却一点感觉不到快乐。有一天，他去向一位哲人讨教，哲人对他说："金钱固然重

要，但金钱并不是万能的。如果一个人被金钱蒙住了双眼，便永远也寻找不到人生的真谛。有的时候，你辛辛苦苦去寻找的东西，也许就在你的身边。"

预言家对年轻人说："如果你能够找到第一块钻石，你将会得到整个钻石矿！钻石就在淌着沙的河里。"年轻人将信将疑地回到家。当晚，做了一个梦，梦中有一位仙女告诉他说："如果你能够找到第一块钻石，你将得到整个钻石矿！钻石就在淌着白沙的河里。"

第二天早上，年轻人醒来后，满脑子都是钻石的影子，于是他下定决心去寻找钻石矿。他把自己的房子及所有的家产都变卖换成了钱，向寻找钻石之路进军。可是好景不长，他在外面寻找钻石的这许多年，花掉了所有的钱，每天风餐露宿，可是连钻石的影子也没看见，最后在绝望中，他自杀了。

买下年轻人房子的那个人，有一次在后院的河水中洗衣服。当太阳照过河面时，河面的沙子刹那间变成了白色，而且水中似乎有闪闪发光的东西，他挖出来一看，一颗大的天然钻石。于是，他就继续把河水的沙子全部都挖了出来，并且用筛

子过滤，只见大大小小、形状迥异的钻石呈现在眼前。

年轻人用尽心力去寻找的钻石原来就在自家的后院。

很多人整日奔波忙碌所寻找的一些东西往往就在他们的身边，要珍惜现在，珍惜自己所拥有的一切。

加拿大有一对感情很深的夫妇，平时总是口角，最后他们彼此甚至想到了离婚。于是做了最后的努力，为挽救他们的婚姻，他们作了一次出行计划。他们来到魁北克的一座小山，两人惊奇地发现小山的坡面上长满了不同种类的树，而在另外一面只有一种树。为什么同样在一座小山上的树会是这样分布呢？他们发现，另外一面树身上堆满了积雪，树的枝条都被雪压弯了，一阵风吹落树上的积雪时，又恢复了原来的样子。于是夫妇俩明白了，原来在另外一个坡面的树不能承受积雪的堆压，所以都被压断了，而松树却能够承受住，所以存活了下来。于是两人明白了，压力太大的时候要像树一样学会弯曲。这个时候奇迹发生了，丈夫对妻子说："对不起，我不该向你发脾气，以后我不会这样做了，都是我不好，请你原谅我。"妻子听了丈夫的检讨，所有的不开心一扫而过，说道："我做得也不好。"两人的感情和好如初，手挽手回家了。

　　再锋利的刀，如果是木制的，也没有什么用。你要学习中国传统文化中的太极学，阴阳平衡，以柔克刚；学习古币学，取向于前，外圆内方。

不做金钱与欲望的奴隶

　　有这样一个年轻人，他听说在浩瀚的大沙漠中心有宝藏，如果谁拥有了财宝，就可以过一生衣食无忧的生活。于是他准备了充足的食物与水，踏上了寻找宝藏之路。可是，在沙漠中行进了几天，他不但没有找到宝藏，而且所带的食物和水都吃完了、喝尽了，没有力气再站起来。他一个人安静地躺在沙漠里，绝望地等待着死亡的降临，时间一分一秒地过去，他感觉自己快要死了，于是他做了最后的祈祷，他祈祷神给他一些帮助。这个时候，神奇迹般地出现在了他的面前，问他需要什么样的帮助。他急忙回答说："食物和水，即使是很少的一份也

行。"于是神送给他一些食物和水，然后便消失在浩瀚的沙漠之中。有了食物和水，使他精神百倍，他站了起来，同时心中也有懊悔，为什么没有向神多要一些东西呢？他带着神给他的食物继续向沙漠中心走去。经过了几天的努力，他终于找到了宝藏，当他把不计其数的财宝尽可能多地放在背包的同时，才发现食物与水几乎要没了。为了减少体力浪费，他不得不一而再再而三地将背包中的宝贝一件一件地弃下。到了最后，他的食物和水都没有了，他又一次倒下了，他心里想神还会来救我的，我不会死的。当他快到生命尽头的时候，神又出现了，问他想要什么，他有气无力地说："我需要更多的水和食物。"

神无奈地摇摇头，说："你现在应该是安全地到家了。但你没有往回走。"

你能否做金钱与欲望的主人？关键取决于你是否能够控制自己的欲望，是否能够合理地赚取和使用金钱。

不要在欲望的大海中沉沦。

从前，有个人很穷，穷得连床也买不起，家徒四壁，只有一张长凳，他每天晚上就在长凳上睡觉。但是这个人却很吝啬，他也知道自己有这个毛病，可就是改不了，他每天都向

佛主祈祷："希望他变得有钱，并且向佛主保证，如果我有钱了，一定不会像现在这样吝啬。"佛主看他很诚心也很可怜，于是就给了他一个万能的钱袋。并且说："这个钱袋里只有一个金币，而且当你拿出来时，里面还会有一个金币，但是当你花钱的时候必须把这个袋子扔掉。"穷人欣喜若狂，他接连不断地从口袋中往外取金币，一分一秒都不停歇，不知过了多久，整整一个屋子都堆满了金光闪闪的金币，这些金币足够他一辈子的花销了。可是，每当他想花钱的时候，一想到即将没有了金袋，他就抑制了花钱的欲望，想让钱更多一些时，再把钱袋扔掉！可想而知，到了他生命的最后一刻，他还在想着从口袋里拿钱出来，终于饿死在钱币堆中。想得到的越多，失去的更多，甚至付出生命的代价。

　　无论做什么事情，都要适可而止，适度这是一种明智之举。

拥有阳光般的好心态

　　心态在我们每个人的生活中都有着很大的力量。看过下面这个实验后，你就会有所了解：

　　八个人参加一次心理测试，有个声音说："你们走过这个曲曲弯弯的小桥，千万别掉下去，不过掉下去也没关系，下面就是一点水。"八个人听明白了，顷刻之间都走过去了。走过去后，一盏黄灯亮了，八个人看到，桥底下不但没有水，而且还有不计其数的毒蛇在蠕动着。八个人吓了一跳，庆幸刚才没掉下去。这时又有了声音："现在你们谁敢走回来？"没人敢走了。声音说："你们要用心理暗示，想象自己走在坚固的铁

桥上。"诱导了半天，终于有三个人站起来，愿意尝试一下。第一个人心惊胆战地走了过去，走的时间多花了一倍；第二个人担惊受怕，走了一半再也坚持不住了，吓得跪在了桥上。这时所有的灯打开了，大家才发现在桥和蛇之间还有一层网，网是黄色的，刚才在黄灯下看不清楚。几个人又很轻松地走了过去。只有一个人不敢走，原来这个人担心那网不结实。心态影响人的能力，所以心态好，生理健康，能力增强；心情不好，生理差，能力差。心态就具有这么大的力量，从内到外影响你。

　　生命的本质在于追求快乐，可有谁不知道要寻找快乐的时光呢？但问题是快乐在哪儿？谁不知道要躲避不快乐的时光，问题是不快乐的事情就像喝水一样，总是与我们保持亲密的关系，我们不可能躲开他。唯一的办法就是趋利避害。你要学会把一种好思想变成行动。

　　事物都有两面性，在人生中，生活幸福和事业成功的人士，很少看到消极的一面，他会把每一天都当做新生命的诞生而充满希望，尽管这一天也许有很多麻烦事等着他。他把每一天都当做生命的最后一天，十分珍惜。

第二章

优质的品格

自立　自信　自尊

　　李嘉诚，众所周知，是香港巨富。他在教育孩子方面，有自己的独到之处。对于孩子的人格和品性的培养，他是非常在意的。当两个儿子成长到八九岁时，他就开始让孩子们参加董事会，让他们列席"旁听"，偶尔还会让孩子们"参政议政"，他的目的主要是要让孩子们学习他"不赚钱"、用自立、自信、自尊制胜的门道。

　　几年后，他们都以优异的成绩取得美国斯坦福大学的毕业资格，两个孩子都想在父亲的公司里施展抱负，成就一番事业，然而被父亲果断地拒绝了："你们还是自己去打江山，让

实践证明你们是否合格，然后再到我公司来任职，现在我公司不需要你们。"两个孩子相继去了加拿大，一个从事地产开发，另外一个从事投资银行的工作，在这个过程中有许多难以想象的困难都被他们克服了，不仅把公司和银行办得蒸蒸日上，而且也成了加拿大商界出类拔萃的人才。事实证明父亲的"冷酷无情"，把孩子们逼上自立、自强之路，不仅锻炼了他们的勇敢、坚毅，而且也造就了他们不屈不挠的人格和品性。

自信心有一种力量，它能够把你自己提升到无限的巅峰，你的思想此时也充满了力量。它是人心智的催化剂，给人以心灵的指引。如果把信心与思想结合，你的潜意识中的心灵就立刻接收到震波，随之会将震波转化为精神的对等，然后再将这种精神的对等物传送到"无限的智慧"。

作为一个人，要挺直脊梁，要有无畏的气概，这是做人最起码的操守。自私与妄自尊大都不能称为自尊。尊重自己体现为自尊，它是人的一种道德情感。有自尊的人，对于别人的歧视与辱没这种事情是不允许发生在自己身上的。能够使人类认识到自身的权利和人生价值，继而产生出来的一种自豪感和自爱心都是自尊。它是一种积极的行为动机、使人合理地维护自己的尊

严、对于克服各种困难和自身的弱点都有一定的积极作用。

长相平平的小姑娘爱上了一个王子。每一个见过风流倜傥、才华横溢王子的女孩儿，都会为他倾心。众多的皇亲国戚一次又一次地前来提亲，都被王子拒绝了，因为他没有看上那些姑娘。

一次，姑娘鼓起勇气来到王子家，走向王子面前对他表达了自己的深深爱意。王子非常欣赏这位姑娘的勇气，尽管她并不算花容月貌，也不是迷人可爱，可是却丝毫没有抹杀她身上那份高贵的气质。这深深打动了王子，他很想接受女孩儿的感情，但转念一想，如果就这样轻易地接受，她会觉得自己太过轻浮。想到这，他就对姑娘提出了一个要求，如果姑娘能够在他家门前跪半个月来证明她的真心，他就娶她。

女孩儿是爱王子的，她为了证明自己的真心诚意，决定履行王子的要求。五天过去了，这个过程是艰苦的，女孩坚持住了。又过了十天，女孩儿的肩膀瘦削了，但她却依然保持直挺的身躯，并在心里暗暗告诉自己，坚持住，我一定会成功的。终于到了半个月，女孩儿依然在跪着，王子看到后，心里非常高兴，他终于能够找到自己心爱的姑娘了，明天就可以和自己

倾心的姑娘永远在一起了。

临近尾声，姑娘摇晃着站了起来，脸色惨白，但却依然浮现着淡淡的笑容。

站在她身旁的王子感到很惊讶，就要坚持到最后了，为什么要放弃呢？女孩用异常平静的语气坚定地回答说："我用半个月来证明我是爱你的，是真心的，然而我依然要走，因为我有尊严。"女孩儿走了，她把爱情留下了，同时也把自己的自尊带走了。

爱情与自尊，当你面临这种情况时，你会做何选择呢？女孩儿的选择是对的，也许爱情很美好，可是舍弃了自尊的爱情还会让你留恋吗？

著名画家徐悲鸿有句名言："傲气不可有，傲骨不可无。"是呀，我们不应该在取得成绩时骄傲自大，不应该忘乎所以、不可一世，更不应该丧失自尊用作践自己的方式去讨好别人。

我们的传统文化教给我们，做人须自尊自爱，在品格与行为上对自己要严格要求。只有自爱的人，才能被人爱。自尊，才能被人尊。自轻自贱之人是永远不会获得别人的尊重与信任的。

　　充满自尊的生活，是值得称道的完美生活。微笑地面对挫折，不乏是一种极高的人生境界。你可以没有掌声与鲜花，不能没有自尊。自尊所提供给生命的不是依托、凭借、支撑，而是永远的真实、能量与精神动力。人尊人重，人敬人高。

毅力与责任

　　你是否经常不信守承诺？这样做的结果会使你失去家人及朋友的信任。你是否经常不守时间？这样做的结果会引起他人的责备和事情的延误。你是否经常做事情拖拉和懒散？这样做的结果会使你自己的生活像一团乱麻。看似生活中的一些小事情，但却能反映出你对人对己的责任心。没有责任心，将使你的生活混乱不堪。

　　为了能够使狼恢复它的野性，管理员决定对动物园里的三只狼进行放生。因为狼爸爸比较强壮，管理员认为它的生存能力要强于其他两只狼。第二天清晨，管理员将狼爸爸送到了森

林里，让它投入到大自然的怀抱，自由生长。

经过了一个星期，管理员总是能够看到狼爸爸在动物园周边停留，看起来比在动物园时瘦了些。管理员很为狼在野外的生存担心，或许在园里待久的动物，到了野外根本就生存不下去，或许它们的野性再也难以找寻回来。这时，管理员把小狼也放了出去，只见那头无精打采的老狼立刻神采奕奕，带着小狼向森林深处飞奔。自从小狼和父亲离开后，一直很少回动物园，只是偶尔回来看母狼，每每回来之时，管理员能够看到它们较以前强壮了很多。是到母狼出园的时候了，当管理员把母狼放走后，这一家三口再没有在动物园周边出现过，管理员相信，它们在野外会生活得很好。

针对于这一现象，动物园管理员作出了解释："为了照顾小狼，狼父亲必须得捕到食物，否则，幼狼就会挨饿。公狼有照顾幼狼的责任，尽管这是一种本能，正是这种责任让它俩生活得好一些。母狼被放出去以后，公狼和母狼共同有照顾幼狼的责任，而且公狼和母狼还需要互相照顾。这三只狼互相照顾，才能够重回大自然，重新开始新的生活。"

生活之中，你应该担负责任，因为如果你推卸责任就意味着你失去了在这个世界上一切你所珍惜的东西。亲情缔造的责任使你感到幸福，友情链接的责任使你感动，爱情构筑的责任使你忠诚，工作赋予的责任使你独立，责任是一种生存的法则。无论对于人类还是动物，依据这个法则，才能够存活。

在傍山的游乐场里，一个人见人爱、美丽迷人的小宝贝在父母的怀中幸福开心地笑着，一家三口把公园的美景尽收眼底。为了能够更全面细致地欣赏美好风光，他们一起坐上了观光的高空缆车，然而他们并不知道，灾难在向他们步步紧逼。

高空鸟瞰这里的景色，真是一览无余、美不胜收。全家人都兴高采烈。一瞬间，缆车正以惊人的速度从高空下落。坐缆车的所有人突然意识到悲剧降临到他们的头上了。

由于缆车距离地面很高，所以不可能有人生还。可是令救生人员震惊的是，他们奇迹般地发现了一个两三岁大的小孩儿，在大声地哭喊着爸爸妈妈，小宝贝是唯一的幸存者。

据营救人员讲，缆车在下坠时，一定是他们将宝贝高高托起，年轻的父母用自己的身躯阻挡了缆车下坠时致命的碰撞，这一挡就真的保住了孩子一条性命。

目睹了这一切的所有人都为年轻的夫妇肃然起敬，这其中不只是对生命的尊敬，还有对于他们在生命最后一刻还担负着保护孩子的责任，让人震撼。

责任是生存的基础，无论对于动物还是人类。责任确保了生命在自然界中的延续，每个人的生命个体都很脆弱，彼此需要关怀和帮助，当你在艰难前行的时候，需要有人可以拉你一把。

生活中绝大多数人会轻易放弃自己的目标，只要稍微碰到一些困难或挫折，就停滞不前，只有少数人能够克服困难与阻力继续前进，直到实现他们的目标为止。

有这样一个在政坛上叱咤风云的女人：她用一种执着的精神、强硬的工作作风征服了整个世界政坛。她不是别人，正是玛格丽特·希尔达·罗伯茨，撒切尔夫人的原名。她以坚忍不拔的顽强性格站在英国政权的巅峰，雄视天下。

玛格丽特小的时候就接受了很好的教育，除了学习学校的各门课程之外，还参加了各种补习班，学习钢琴，经常听听音乐会。在她的成长过程中，父亲的教育对她的影响很深。次，小玛格很想与小朋友一起出去玩儿，可是她的父亲却不允许。并且还告诉她："不要仅仅因为别人做了那样的事你也跟

着做，或想去做。拿定主意你要去做什么，说服别人跟你一起走。"从这以后，她一直遵循着父亲的规劝，沿着不同寻常的目标努力，使她养成了坚强刚毅的性格、独立顽强的精神。

长大后，玛格丽特在英国著名学府牛津大学就读。她阴差阳错地考取了化学系，而她本人更加喜欢法律专业，可是她并没有放弃自己的爱好，甚至在大学期间，用在社会政治活动的时间远远超过了她用在实验室做实验的时间。她钦佩丘吉尔首相，立志要做他那样的一个人。但她深深地知道，通往这条首相之路并非坦途，况且她还是女性，身为女人要想跻身政界、占有一席之地是十分困难的。但是她有着坚忍不拔的性格，更有着一种挑战的欲望及一种不服输的精神。

经过几年不懈地努力和五次竞选议员失败的洗礼，她在24岁时终于当选为保守党下院议员。这为她的政治生涯写下了重要的奠基一笔，也为实现她的政治理想向前迈了一大步。在1971年，她又出任英国的教育大臣，成为保守党历史上第二个进入内阁的女性。她上任后，针对教育中的某些弊端，提出了自己的看法和改进意见，引起了民众的争议。可是她并没有因

为民众的争议而裹足不前，相反她还说："一个人如果总是迎合别人，不要别人批评，那么，他必将一事无成。"面对民众的反对，她说："我照旧做下去。"如果没有过人的毅力，她是不会承受住社会各界的舆论压力的，会作出妥协和让步。

竞选需要演讲，以阐述自己的施政纲领。但撒切尔夫人的口音和演讲的技巧，都有需要改进和提高的地方。为了使这些不利因素变成有利因素，她进行了细致系统地学习。经过一番刻苦的训练，她以一个崭新的形象出现在公众面前。她能够在很短的时间内克服自己的不足，这足以说明她性格的坚强和超越自我的精神。1975年，撒切尔夫人竞选保守党领袖成功，成了英国历史上第一位女首相。

撒切尔夫人有一个不能改变的性格，就是在处理各种问题以及实施内外政策的时候，会坚持强硬的观点和立场，不留任何余地，这也形成了她的工作作风，尤其是对苏联毫不妥协、让步的强硬态度。当她遇到一系列棘手的困难，她毫无退缩之意，以顽强的毅力面对一切困难。

你的责任与毅力的有无，在很大程度上影响你的人生和你的前途。负责任是一种生活态度，不负责任也是一种生活态

度。如果责任成为一种习惯时，就会慢慢成了一个人的生活态度，你就会自然而然地去做，而不是刻意去做。当一个人自然而然地做一件事时，就不会觉得麻烦和劳累。有了责任心，而没有恒久的毅力为支撑，也如昙花一现，美了瞬间，却未必能留下永恒。

宽容与善良

有一个武士来到师父身旁问道："师父，您能告诉我什么是善什么是恶吗？"只见他的师父轻蔑地看了他一眼，说你这种粗俗、鄙陋的人，还配和我谈善善恶。武士愤怒了，突然拔出了刀，架在师父的脖子上，气愤地说："糟老头，我要杀了你！"这时师父平和地说："此为恶也。"瞬间武士便明白了，原来易怒的情绪是恶，他于是把刀收回壳中。师父又平和地说："此为善也。"武士听明白了，心情平和就是善，于是跪下来向师父拜谢。

对你自己的宽容，体现为宽容别人。在宽容别人的同时，

让你的生活 优质而轻松

也为你生命中多增了一些空间。宽容是种美德，大事要宽容，小事要宽容。生活中善于宽容的人，无疑也是容易获得幸福与内心满足的人。有宽容的人生路上，才会有关爱和扶持，才不会有寂寞和孤独；有宽容的生活，会让你的人生少一些雷雨，多一点温暖和阳光。宽容永远都是一片艳阳天。

一位老禅师在禅院门口打坐，不多时，他站起身缓慢地向院落走去，当看见立在墙角的椅子时，他恍然大悟，一定是有弟子私自出去玩儿，违反寺规越墙而去。只见老禅师面不改色，他把椅子放到了别处，并且在椅子处静蹲，过了一会儿，果然有人偷偷越墙回来，小和尚踩着"椅子"下到地面，天色被黑暗所笼罩。小和尚双脚落地时，"椅子"居然"站了"起来，小和尚此时才意识到刚才踩到的不是椅子，而是师父。他目瞪口呆，惊恐万分，然而令小和尚出乎意料的是，师父并没有责怪他，反倒是告诉他天冷了，多加些衣服。给一次机会并不是纵容，不是免除对方应该承担的责任。人都需要为自己的行为负责，任何人都要承担各种各样的后果。宽容是一种坚强，而不是软弱。宽容的最高境界是对众生的怜悯。

你可以想象到老禅师在说过这些话以后，他徒弟的心情，

在这种无声的宽容教育中，徒弟不是被惩罚了，而是被教育了。懂得该宽容什么的人同时也是一个智慧的人。

宽容是在荆棘丛中长出来的谷粒。一次，细心的理发师在给周总理刮胡须时，总理突然咳嗽了一声，刀子立即把他的脸给刮破了。理发师十分紧张，不知所措，但令他惊讶的是，周总理非但没有责怪他，反而和蔼地对他说："这不是你的错，我在咳嗽前没有向你打声招呼，你当然不知道我要动了。"这虽然是一件很小的事情，却让大家看到了周总理身上的美德——宽容。

别人与你的意见不一致时，你也不会强迫对方接受你的观点，这体现为宽容。去了解对方想法的根源，并找到他们意见提出的基础，就能够设身处地为别人着想，提出的方案也更能够契合对方的心理而得到接受。提高效率的唯一方法，就是消除阻碍和对抗。每个人都有自己对人生的体验和看法，你应该尊重他人的知识和体验，并且积极吸取其中的精华，为己所用，做好扬弃。

一次，科学家普鲁斯特和贝索勒展开了一场长达九年的争论，定比定律是他们争论的焦点，双方各执一词，不肯退让。争论的结果是普鲁斯特胜利了。定比这一科学定律的发明者的

贵冠，被普鲁斯特摘取。然而他并没有因此沾沾自喜，反倒真诚地对曾经和他激烈论战过的贝索勒说："如果没有你的质疑，今天就没有我深入研究的这个定比定律。"

与此同时，普鲁斯特特别向公众宣告，定比定律的发现不只是他一个人的功劳，还有贝索勒的功劳。不计较别人的反对与态度，还长于发现别人的优点，并吸收其精华，让人感动的宽容。

这个世界上每个人都会犯错误，都会有被人落井下石、被别人的恶意伤害的经历，这些痛在当时留下了难以抹平的伤痕，然而随着时间的流逝，要能够坦然面对那些落在身上的痛，并且学会用一种宽容的心去面对，不仅觉得自己并没有损失，反而因此从中获益，让自己的心志得到了磨炼。如果仅仅把目光盯在别人的错误上，思想就会变得沉重，对人对事都会有一种不信任的态度，让自己的思维受到限制，同时也限制了对方的发展。背叛，也可以容忍。坚强的人是能够承受住他人背叛的。

在官渡之战中，曹操彻底打败了袁绍，他的士兵在打扫战场的时候，向曹操报告说，袁绍的档案中存有许多自己人写

给袁绍的书信，有人提出建议，应该把这些人全部找出来，将他们全部杀掉。出乎手下人的意料，曹操说："将这些书信烧了吧，这件事情到此为止。"他的部下非常不解，与敌营私通的人为什么还要留下，不杀头也就罢了，怎么还能一点不追究呢？只听曹操说，以前袁绍那么强大，整个河北那么大的地方都被他统治着，我都心里没数，更何况是他们了。他们想给自己留个后路，情有可原嘛。

　　曹操的宽容才是真的宽容。正是他的宽容，才使他统一了北方，为今后三国归晋打下了坚实的基础。

　　宽容就是忘却。人人都有痛苦，忘记昨日的是非，忘记别人先前对自己的指责和谩骂，时间是良好的止痛剂。学会忘却，生活才有阳光，才有欢乐。斯特恩说："只有勇敢的人才懂得如何宽容；懦夫决不会宽容，这不是他的本性。"那么从现在起，你是去做个勇敢的人，还是做个懦夫呢？

果断与勇敢

　　一头愚蠢的山羊，在两堆青草之间徘徊，左边的青草鲜嫩，右边的青草多一些，它拿不定主意，最终饿死在它的徘徊不定中。

　　物犹如此，人生旅途中的我们又何尝不是如此呢？周末你有课业需要完成，可这个时候正好有你期盼已久的直播球赛，你是要继续写作业，还是去看球赛呢？每个人每时每刻都要作决定，这个时候需要果断来为你领航。在人生中，思前想后、犹豫不决固然可以免去一些做错事的可能，但同时也会失去更多成功的机遇。执迷不悟、一意孤行的固执并不可取。你要正视现

实，果断地放弃那些使你力不从心却又苦撑硬撑的执着，当你作出清醒的决定之后，你的意志就找到了支点，所有的事物将变得单纯、明朗、宁静，你会很开心，满足于自己的果断。

一天，小男孩军军在外面玩耍时，惊奇地发现一个鸟巢被风从树上吹落在地，只见一只嗷嗷待哺的小家伙从鸟巢滚了出来。他作了决定，要把小鸟带回家里喂养。

军军一边捧着鸟巢一边在想，妈妈不允许他在家里养小动物，他很担心被妈妈批评。当他走到家门口的时候，举棋不定，应该怎么办呢？只见他轻轻地把小麻雀放在门口，跑进屋去请求妈妈。军军苦苦地哀求妈妈，最后妈妈同意了军军的请求。

当军军兴奋地跑到门口时，小鸟已不见了踪影，这时，他看到一只黑猫正在有滋有味、意犹未尽地舔着粘着羽毛的嘴巴。为此，军军伤心了很久。这件事情以后，军军记住了一个教训，自己认定的事情，千万不可优柔寡断。长大后的军军成就了一番伟业，都源于儿时那果断的一课，把那些忧心的烦恼抛之脑后，把那些失败和沮丧全部忘掉，把那些痛苦的记忆封藏，把那许多的过去坚定地踩在脚下。我果断，我清醒；我果断，我成长。

欢欢走到父亲身边，对他抱怨说："为什么事事都那么艰难，一个问题还没有解决，又出了另外一个问题，生活为什么总是这个样子。"应付生活对欢欢来说，是件很困难的事情，她没有了生活的勇气，厌倦了抗争、奋斗，想自暴自弃。

爸爸带着欢欢来到了厨房，他分别向三只锅里倒入一些水，打开了燃气，几分钟后锅里的水全部沸腾、泛着水花。爸爸一句话也没有说，又将胡萝卜、鸡蛋、咖啡豆分别放进了三只锅里。欢欢聚精会神地观看着爸爸的每一个动作，过了20分钟时间，她溜号了，感觉也没有什么可看的，于是咂咂嘴，想要出去玩儿。爸爸看出了她的不耐烦，于是爸爸将火关闭了，将三只锅内的胡萝卜、鸡蛋、咖啡豆捞出来，分别放在三个碗内。当他把三个碗摆在欢欢面前时，转过身问她，"欢欢，你看见什么了？""胡萝卜、鸡蛋、咖啡。"欢欢答道。"摸摸胡萝卜。"她摸了摸，感觉到胡萝卜有些软了。父亲又让欢欢手拿一只鸡蛋并打破它。将鸡蛋壳剥掉后，她看到了一只煮熟的鸡蛋。最后，他让她喝了咖啡。品尝到香浓的咖啡，女儿笑了。她胆怯地问道："爸爸，这是什么意思呢？"

父亲解释道，在同样的逆境面前——煮沸的开水，三种事物有不同的反应，其结果就不相同。当把胡萝卜放入锅里之前它是厚重强壮的，结实的，毫不示弱的；可是被水煮过之后，胡萝卜变软了，变弱了。没有放入水之前，易碎的是那只鸡蛋，因为仅仅有一层薄薄的外壳保护着它液体的内脏。可是经过水煮，鸡蛋的内脏变得坚硬了。独特的是粉状的咖啡豆，当它放入水中煮时，使得白水变成了咖啡。爸爸问欢欢："胡萝卜、鸡蛋、咖啡豆，你更像哪一个呢？每逢苦难找上你，你又如何反应呢？胡萝卜、鸡蛋、咖啡豆你想做哪一个？"

朋友，看到这儿，你又想做哪一个呢？那个看似强硬，可是一遇到痛苦和逆境就第一个畏缩、软弱的人是你吗？你要当那失去了力量的胡萝卜吗？那个之前个性感情不定的人，当遇到死亡、分手、离婚或失业而变得坚强、倔强的人是你吗？也许你的外表与从前没有两样，可是因为有坚强的性格和丰富的内心而变得强硬。你要当内心可塑的鸡蛋吗？那个豆子让给它带来痛苦的开水改变了，而且是在它最痛苦的时候，心灵得到了升华。达到沸水的高温时让它散发出醉人的芳香。如果你像咖啡豆，即使在情况最糟糕时，你也不会暗淡，反而会有一鸣

惊人的表现，使得周围的一切随之改变，状况越来越好。你要当咖啡豆吗？我听到了你心灵深处的呼唤，你想像咖啡豆一样勇敢。

　　生活对于每个人来说，都是弥足珍贵的。你永远没有后悔的机会。所有的快乐和伤痛，所有的微笑和泪水，只代表过去。选择了生，就放弃了死；选择了希望，就放弃了失望；选择了今天，就别再留恋昨天。从现在起，调整好你的心态，对于那些失去的坦然面对，学会忍受失去，你的胸襟会变得更加宽广、豁达，把你的眼光再放远些，设定好自己的人生目标，为成就一番事业而努力拼搏，勇敢地面对自己，面对生活。

热情与勤奋

　　在你的生活中，是否存在着这样一种人：他能够敏感地捕捉到生活中精彩的瞬间，他并不高大，然而胸怀却很宽广；他不刻意地去与人结交，却收获了真挚的友谊；他以自己所从事的工作为乐，不但能以更高昂的斗志去迎接生活中的每一次全新的挑战，而且还能够让这份高昂的斗志感染他身边的人；他对人真诚而且虚怀若谷……他怎么有如此大的力量呢？让钢铁大王卡耐基的座右铭来告诉你答案：

　　你有信仰就年轻，

　　疑惑就年老；

　　有自信就年轻,

　　畏惧就年老;

　　希望就年轻,

　　绝望就年老;

　　岁月使你皮肤起皱,

　　但是失去了热情,

　　就损伤了灵魂。

　　现在你知道答案了吧! 一个人拥有了热情,就会有很强的感召力,与热情的人为伍,你也会充满活力之光。

　　三个人盖房子,一个人盖一间。开始盖房的时候,第一个人比其他两个人表现得都要积极,可是几天以后,他就变得极其不耐烦,厌倦了周而复始、千篇一律的生活,心里还在偷偷地想"费这么大的力气做什么呀! 又不是给我自己盖房子住",于是他草草地把一间房子盖好,速度比其他两人都要快,可是盖好的房子看起来歪歪斜斜,随时就要倒塌一样。

　　和第一个人想法相同,第二个人盖了几天同样也感到枯燥和不耐烦,可是他转念一想"别人让我盖房子是相信我能够将它盖好,而且还收了别人的钱,自己有责任把房子盖好",抛

开了杂念，他继续细心地盖房，认认真真地盖好了一间房，盖好的房子很坚固。

与前两个人不同的是，第三个人盖房时很开心也很快乐，他享受着工作带来的无限快乐。他一边工作一边在心里暗想："等房子盖好以后，在房前种一些花草，在房后再建一个游泳池，一家人其乐融融地住进来，那该多好啊！盖房子真是一件幸福的事情。"越想越高兴，他以更大的热情去盖房，盖房子的过程中他加了不少自己的创意。第三个人盖好了一间房，房子看起来牢不可破，而且还很美观。

又过了几年，三个工人在路上碰到了，彼此得知，第一个工人还继续找着工作，第二个工人仍然本本分分地给人盖房，而第三个工人则成了有名气的企业家。

有一位青年，他这样说道："在我的生命中，我通常把自信、自尊和热情作为我的伙伴。因为自信使我能够应付任何挑战，自尊使我表现得更出色，热情使我有了快乐的生活。"热情是他生命中最大的财富。这种价值远远超过了权力与金钱。

在他很小的时候就喜欢看一些图标。长大后，他从事的工作就与设计有关，终于可以把儿时的梦想变成现实，他很陶

醉于自己所喜欢的工作。他能够用欣赏和享受的心情去工作，而且还长久地保持着充足的热情去做事情。他平时在工作中，会从客户的角度去构想，把他们的想法付诸实践，所以他的设计作品一般都得到了客户的好评。他的理念是，只有互相沟通配合才会有更适合市场的作品出现。年轻人的观点就是，如果你换个角度去看，很有可能就有新的创意作品。热情，就像是对人有益的空气一样，是人类最好的朋友。它像一股暖流，可以使人们产生火一般的力量，勇敢地在逆境中崛起，一切的困难、失败和挫折都不能阻挡它前行的路。

　　生活是美丽的，可是很少有人会发现它的美好。甚至对它的美熟视无睹。发现生活的美好，不仅能够让你汲取到美味，而且还可以迸发出你的激情。它简直是上帝的杰作，让人们感谢上帝垂爱的同时，也把精力全身心地投入到工作之中。能够以执着的奋斗向自己的目标前进，能够用拼搏之火将自己铸造成一座不朽的丰碑，能够使人以更加积极的态度去面对生活，能够使人体会到美好生活的真谛。热情有时会摧毁偏见与敌意，让那些懒惰逃跑。它还是行动的信仰，用这种信仰来指导生活，无论做任何事都会战无不胜、攻无不克。做一个充满热情的人吧！

　　有人问爱因斯坦成功的秘诀是什么时，他是这样回答的："一共有三个秘诀：第一，艰苦的劳动；第二，正确的方法；第三，少说空话。"劳动的果实最甜美，劳动最光荣，要学小蜜蜂，用勤奋创造好生活。

　　在人生旅途上，也许前面布满了沼泽，甚至是荆棘丛生；在追求风景时，也许总是山重水复，永远看不到柳暗花明；又或许，你被那沉重、蹒跚的步履牵绊，而延缓了你前行的路。然而你的心中却有着热情与勤奋的种子，它或许在黑暗中摸索很长时间，但依然能够寻找到光明、茁壮成长。不要让你虔诚的信念被世俗的尘雾所缠绕，你要自由地翱翔；更不要让你那高贵的灵魂在现实中寻找不到依托，你要有属于自己的那一方净土。你要有勇敢者的气魄，坚定而自信地对自己说："我可以做到！"

节俭与爱心

　　一位在中央党校进修的领导，被新任命为当地的父母官，于是提前结束了学习，回去就职。有人为他饯行，选在了一家星级酒店，各种美味应有尽有，领导们吃得不亦乐乎。一小碗海参三百元，十人就是三千元，一顿饯行饭下来，近达两万元。

　　现在追求高品质生活已成为一种时尚。然而，一些无知的人竟把奢侈当成了高品质，奢侈生活被人们当作了追求高品质生活的终极目标，这就必然助长社会上的奢侈之风。于是我国成为了发达国家奢侈品最大的倾销地，同时也成为世界最大的奢侈品消费国。

　　单就个体来说，没有考虑自己的实际需求，不是豪华的房子就不住，不是名牌进口的化妆品就不用，不是知名服饰不穿；之于社会而言，奢侈之风大行其道，打造奢侈的办公环境，筑建奢侈的楼群，就是在边远的贫困区域，依然是乐此不疲。这种无节制地消耗、挥霍和浪费社会财富的竞赛，似乎成了人们追求的高品质生活，这与节约型社会的建设目标风马牛不相及。我们的社会需要节约，我们的人民需要节俭。

　　事实上，高品质生活是离不开节俭的。节俭，既不是要人们刻意地去过苦日子，一顿饭用三顿来吃完，也不是要你去当苦行僧。它应该是一种生活态度，是一种积极乐观的态度。它教会人们要珍惜资源、珍爱环境，在精神上达到一种高度。如今我国面临着资源短缺、能源紧张，所以节俭尤为显得弥足珍贵。如果你富有，就请你把奢侈的钱捐给希望工程，那里有多少双渴盼上学的眼睛。同时也要从节约每一度电、每一滴水开始做起，为营造一个可持续发展的节约型社会奉献自己的一份力量。成由勤俭败由奢的古训，应当是我们的座右铭。

　　在北宋时期，力戒奢侈、谨身节用，成为司马光教育孩子的重心。他曾经这样说："视地而后敢行，顿足而后敢立。"这在他的那本《答刘蒙书》中有所体现。当时，他在写《资治

通鉴》时，找来许多助手，除了范祖禹、刘恕、刘攽三人外，还有他自己的儿子司马康。

一次，儿子读书用指甲抓书页，被他看到了，他非常生气，于是就细心地讲道理给儿子听，教他爱护书籍的方法：在读书前，首先一定要把书桌擦干净，然后再垫上桌布；在读书过程中，端端正正地坐好，腰挺直；在翻书页时，要先用右手拇指的侧面把书页的边缘托起，然后再用食指轻轻盖住以揭开一页，不要随便折书。

居里夫人对女儿的爱，是一种理智的爱，在生活上她要求女儿"俭以养志"，并对她们严加管束。她对女儿说："贫困固然非我所愿，但过富也不一定是好事。必须依靠自己的力量，谋求生活。"在生活的小事上，她不忘培养女儿们节俭朴实、轻财的品德。教导她们不能凭空想象、不务实际。她还告诫两个女儿："我们应该不虚度一生。"同时，居里夫人还培养她们勇敢、坚强、乐观的品格。

居里夫人教育她的孩子们要热爱祖国。她教她们学习波兰语，用自己的实际行动——致力于帮助祖国科学发展和波兰留

学生的行动——感染着两位女儿。

20年前，保尔为了完成学业，就利用零散的时间打工赚钱。有一天，当他正在挨家挨户地推销商品时，饥饿难忍，保尔摸遍了全身，却只有几角钱。"还是向下一户人家讨口饭吃吧！"他在心里默默地想着。

保尔瑟缩在冷风中，鼓起勇气轻轻地敲了下一户人家的房门。为他开门的是一位漂亮的小女孩儿，刹那间，保尔有些手足无措了。他开不了口，最后只向小女孩儿乞求给他一口水喝。小女孩儿感觉到保尔一定是饿坏了，于是给他倒了一大杯牛奶，保尔慢慢地喝完牛奶，问道："我应该付你多少钱呢？"

小女孩儿微笑着回答："对别人给予爱心，不要求任何回报。这是我妈妈常常教导我的一句话，所以你一分钱也不需要付。"保尔说："请您接受我由衷地感谢吧！"说完，他转身离开了这户人家。保尔顷刻间充满了斗志，他更加相信上帝和整个人类了。

20年后的一天，当年的那个小女孩儿得了一种奇怪的重病，所有医生对此束手无策。在医生的建议下，小女孩儿被转

到大城市医治，由各方专家会诊。名声四起的保尔医生也参加了此次会诊。当保尔听说病人是来自20年前的那个城镇时，小女孩儿那可爱美丽的面孔霎时闪过他的脑际，同时也有一种奇特的想法，于是他马上起身直奔她的病房。

保尔医生身穿手术服来到病房，一眼就认出了病人就是当年对他施恩的人。他回到诊室后，下决心一定要竭尽所能治好她的病。从那一刻起，保尔每天都特别关照着这个对自己有恩的病人。

在保尔以及各方专家的努力与协作下，手术成功了。保尔要求把医药费通知单送到他那里，他看过通知单，在通知单的边白上留下一行字。有人把医药费通知单送到小女孩儿的病房时，她担心得不敢看。她认为，这次治病的费用恐怕要用她整个余生来偿还。不过，她终于还是鼓起勇气翻开了医药费通知单，在通知单旁边的那行小字引起了她的注意，她禁不住轻声读了出来："医药费已付：一杯牛奶。(签名)保尔医生"

喜悦的泪水溢出了她的眼睛，她默默地祈祷着："谢谢你，上帝，你的爱已通过人类的心灵和双手传播了。"

学习与思考

在一个伸手不见五指的夜晚，许多老鼠在首领的带领下，出外觅食。它们停在了一个饭店的后门，因为门口边有个垃圾桶，那里面盛着很多剩余饭菜。这些老鼠非常高兴，它们终于可以美美地饱餐一顿了。

就在一大群老鼠大吃特吃之际，远处突然传来了一阵令它们心惊肉跳的声音，就是它们的克星发出的"喵喵喵"的声音。它们震惊之余，四散逃命，那只大黑猫在后面穷追不舍，其中有两只小老鼠逃避不及，没有逃脱大黑猫的利爪。在猫要吞噬它们的一刹那间，传来一连串凶恶的犬吠声，大黑猫吓跑了。

　　大黑猫跑开后，只听那老鼠首领从垃圾桶后面大摇大摆地走出来，说："我很早以前就对你们说过，一定要多学一种语言，这对你们有百利而无一害，经过这件事以后你们就明白了吧。"

　　这虽然仅是个笑话，但其中却蕴含着深刻的道理，多学一门技艺，就多一条路可走。成功人士的最大秘密武器，就是终生学习。华人首富李嘉诚说过这样的话："不会学习的人就不会成功！"他认为人生就是一个学习的过程，直到今天他仍然坚持不懈地学习，坚持从中英文报刊上吸收各种知识。

　　只会学习而不去思考，便会像传播学中的电视"容器人"，只知道被动接受而失去思考力，社会需要的是一种善于思考的人，这样的人一定会有好的生活。

自由与梦想

自由与梦想就像是鸟儿的两只羽翼，没有任何一方，都将无法展翅翱翔，而自由则是实现梦想的前提，没有了自由，将失去存活于世的意义。梦想也许是虚无的，永远不可能实现的，但它却是人们追求幸福生活的原动力。

一个14岁的小男孩儿，住在北奥尔卡纳州，他时常会把一些小动物捉回家，放到笼子里。而经过了一件事情以后，他再也没有了这种兴致。

小男孩儿的家在林子附近，每当夕阳西下的时候，他都会被一种美妙动听的声音所感染，这种声音不是人间的各种乐器

能够取而代之的，也没有哪种乐器能与它媲美。经过他几天的观察，终于被他发现了，唱出这美妙绝伦歌声是一群来自美洲的百灵。

　　要是能天天听到那优美的曲调多好呀！于是，他下定决心，一定要捕到一只百灵鸟放到他的笼子里，天天给他唱歌。三天后，他捕获了一只小百灵鸟，当他把百灵鸟放在笼中时，小百灵鸟异常恐惧，并且在笼中飞来飞去，不住地拍打着翅膀，可是它的挣扎只是徒劳，时间久了，它也不再想出笼子了，接受了这个新家。每次当小男孩儿站在笼子前的时候，百灵鸟都会动情地歌唱着，它简直就是小男孩儿的音乐家，小男孩陶醉在这美妙的音乐中，心中感觉到无限的快乐。

　　小男孩儿把鸟笼挂在他家前院的一棵树上。有一天，当小男孩儿趴在窗口正要准备去听小音乐家歌唱的时候，他发现有一只鸟在笼外正让小百灵一口一口地把食物吞咽下去。小男孩儿心想，多好呀，以后我不用给它喂食了，有它的妈妈在照顾它呢？真是件令人开心的事情。

　　然而好景不长，次日清晨，当小男孩儿走到前院，来到小

百灵笼边时，他看到小百灵静静地躺在笼子下层，悄无声息，它死了。小男孩非常的疑惑，昨天还好好的，怎么今天就死了呢？

　　直到后来，小男孩儿当鸟类学家的叔叔来他家小住，他把小百灵的事情告诉了叔叔，他的叔叔听后，作了科学的解释："当一只美洲百灵鸟妈妈发现自己的孩子被关在笼子里后，就会喂毒莓给小百灵吃，因为在百灵妈妈看来，孩子死了总比活活地被关在笼中要好过得多。"

　　从这件事后，小男孩儿再也不去捕捉任何小生命关进笼中了。因为小百灵的死，是他一手造成的，同时，他也懂得了生命存活的意义。这便是对自由生活的美好追求。

　　人需要放飞希望，放飞梦想。

第三章

优质的事业

工作是生活之本，是优质生活的源泉

　　事业是人生的战场，经过一场场没有硝烟的战斗，会锻炼出一种哲人般的睿智。这种睿智是一种无量的智慧，用来转换成金钱资本的智慧。知道怎么做远比做什么重要得多。

　　只有称心如意的职业，才能带来自我成就的实现和幸福生活的满足。一个人得到职业的满足和在生活中找到自己适当的、必要的位置，可以带来其他任何方面的成功都不能替代的振作和愉快，从而最大限度地拥有优质的生活。马斯洛说过："音乐家作曲，画家作画，诗人写诗，如此方能心安理得。"人和工作的和谐搭配及其相互作用，可以满足人内心中对生活

的不足。

　　每个人实际上担当的角色有两个，一个是他真正的自己，另一个就是他理想中的自己。由真正的自己逐渐向理想中的自己转变的过程更多的体现在人的工作上。人矮一点，没有关系；丑一点也没有关系；先天的决定因素是改变不了的，是无可厚非的。可是如果一个人没有一份属于自己的事业，那会是件很悲哀的事情。只有事业上的成就，才能担当他的角色，也只有通过工作上的能力才能证明他本身的行动、创造力。同时也应该有这种意识，工作是你自己的，你要为自己工作，为自己奋斗。

　　工作的时候虚掷光阴会伤害雇主，但是伤害自己更深。如果你永远保持勤奋的工作态度，你就会得到他人的称许和表扬，就会赢得老板的器重，同时也会获得更多的升迁和奖励的机会。同时，这也是你人生进步的台阶。有时候一项工作，薪水之外的东西更重要。比如，发展自己的职业技能，增加自己的经验，提升自己的人格，做强自己创业的根基，成为优质生活的保证。

　　慷慨的富翁格林在一次慈善晚会上发表了一场演说，深深打动了在场的不同职业的听众。

　　"我刚来巴黎的时候，每个星期可以挣到5美元，是在一家商店替人扫地。过了一年，到另外的一家公司工作，在那里我一个星期可以拿到11美元，但是我依然努力地工作。又过了一段时间，我进入了一家大公司，在那里我当上了商务代表，周薪30美元。那个时候，我对自己说，希望能够通过自己的努力进入管理层。过了不久，我被董事长叫进办公室，桌上摆着一份新的合同，这是一份长达10页的合同，在这份合同中，公司提供给我的待遇是年薪1万美元。"

　　"我和妻子每周只花掉7美元，节省下来的钱全部用来投资。在我的第二份合同到期时，我的投资所得已经达到了12.8万元。我用这些钱投资加入公司，成为公司的合伙人。不久，就成为了百万富翁。"

　　这位富翁还告诉我们，当他开始工作的时候，许多朋友劝告他说："格林，你真傻，这份工作如此的累而且收入还很低。你每天都加班到深夜，什么时候才是出头之日？"

　　但是格林回答说："既然我来到巴黎，就要干出一番事业来，也许现在我必须做这些别人不放在眼里的活，但是我坚信

总有一天，我会成功的。"

　　是的！格林来到这座城市的时候，就下定决心要成为一个成功者。他从来不会错过任何一个学习做生意的机会，即使是在店里扫地的时候，他也会观察老板是怎样和客人打交道的。他总是在观察、学习、总结，即使休息时候，也会和客人们攀谈，了解他们的消费观念和消费需求。有时，他也会问老板一些生意方面的问题，时间长了他便总结出了很多的生意经。

　　虽然那个时候他一周只有5美元的收入，可是他所学习到的东西又岂止5美元？观察格林工作的每一天，你会从他的身上找到一个出色的工作者应该具备的素质。

工作的态度决定你的前途

　　庙堂里的门槛对佛像说："我们是同一棵大树，可是我在这里受万人践踏，你在那里受万人膜拜，为何我们的命运有如此巨大的不同呢？"佛像说："你看我面容祥和、衣带飘逸、姿势端庄，这一切都是能工巧匠数年的精雕细刻，我经受了多少刀刻，才有了今天的尊严，你不愿意接受前期的镌刻，才会有后期的磨难啊。所以佛说，你想有什么样的生活，就得接受什么样的挑战。"

　　每个人生而平等，大家都是血肉之躯，有谁生而高贵？生活中我们大家都是凡夫俗子，谁又比谁差多少？可是数年之后，生

活仍然可以把我们塑造成为坐车的、赶车的、造车的和修车的。是什么使我们有了如此大的差别？是我们自己的态度。我们对待人生的态度不同，决定我们的生活的前途就不同。

受过良好的职业训练、勤奋敬业的员工会被需要，投机取巧、嘲弄抱怨的平庸劳动力会被社会淘汰。每个人在职业生涯的第一阶段选择好执业态度是至关重要的，想要成为职场中的一棵常青树，就要保持好的工作态度。那些在工作中麻木不仁、投机取巧、马虎轻率、嘲弄抱怨，对领导分派的任务眼高手低、吹毛求疵、推托借口的人，他们在职场中不会有立足之地。个人职业的前途很容易受到消极被动的不良习惯所影响。一个人能否最高水准地发挥出来他的职业水平，与他本人心态有直接的关系。

史泰龙是世界顶尖的电影巨星，他就是一个用积极的人生态度，打开自己成功之门的人。

史泰龙的生长环境并不好，爸爸是赌徒，妈妈是酒鬼。他父亲赌输了，就打他和母亲解气，而母亲喝醉时，也打他出气。他是在拳脚相加的家庭暴力当中长大的，常常是鼻青脸肿，皮开肉绽。由于小的时候总是挨打，致使他的面相并不美，学业也没有长进。自从他高中辍学以后，一个人在街头流

浪、当混混。在他20岁时的一天，有件偶然的事情刺激了他，他在心里默默地说："不行，不能再这样做。假如这样下去，和自己的父母有什么区别？"他彻底醒悟了。"不行！我一定要成功！我要带给别人快乐，把痛苦留给自己。"

　　史泰龙要活出一个人样来，决心要走一条与父母迥然不同的人生道路。然而他并不知道自己应当去做什么？有很长一段时间，他都在一个人静静地思索着。政治之路的可能性为零；去大企业发展，又没有学历、文凭，似乎是两座无法逾越的高山。下海经商，又没有钱作为资本……想来想去，最后他想当一个演员，不要求学历也不需要本钱，而且一旦成功了，就可以名利双收。可又一想，演员的素质与条件他并不具备，很显然，光是长相就很难使人有信心，况且他也没有接受过任何的专业训练。可是，如果不当演员，今生今世他也不会有出头的机会了，他一定要成功，永不放弃。第二天，他就开始行动，去好莱坞，四处找明星、导演、制片……凡是一切可能使他成为演员的人，他都找了，而且还四处哀求："我要当演员，请给我一次机会吧，我一定要成功！"

　　可想而知，他四处碰壁。一次又一次被拒绝，但是他并没有气馁，因为他知道，被拒绝一定是有原因的。他每被拒绝一次，都会认真地反省、检讨，不断地找失败的原因，并做好总结，同时不间断地去找人。

　　时光荏苒，一晃两年的时间在不经意间就过去了，他身上的钱都花光了，为了维持生计，他在好莱坞打工，做些粗重的零活。漫漫长夜他有时会伤心地痛哭。他不断地问自己："难道赌徒、酒鬼的儿子一定就要做赌徒和酒鬼吗？难道就真的没有希望了吗？不行，我一定要成功！"如果不能够直接成功，那就换一个方法。

　　于是，一个迂回前进的办法在他脑中闪现：我可以先写剧本，然后等剧本被导演看中以后，就要求在其中担任角色。现在的他已经不再是一无所知的年轻人。他从拒绝中得到了历练，每一次拒绝都是一次口传心授，一次学习，一次进步。写电影剧本的基础知识他已经掌握了。经过一年的努力，他终于写出了剧本，于是去遍访各位导演："这个剧本怎么样，让我当男主角吧！"那些导演普遍的反应都是剧本还好，可是一提

到让他当男主角，导演们都认为这简直是天大的玩笑。他又一次被拒绝了。

虽然被人否定，但他却越挫越勇，并不断地对自己说："也许下一次就行，再下一次、再下一次……我一定会成功！"在上千次被拒绝后的一天，有位曾经拒绝过他几十次的导演对他说："我被你的精神所感动，但是我不知道你是否能够演好。给你一次机会倒是可以，前提条件是你要把剧本改成电视剧，而且只能先拍一集，由你担当男主角，看看观众的反应再说。观众不喜欢的话，你以后就别再想当演员的事情了！"经过了三年多的努力，他终于等到了这一刻，自己终于可以一试身手了。这是他人生中的一次转机，所以一定要全力以赴。他全身心地投入，不敢有丝毫懈怠。由他主演的电视剧，虽然仅仅只有一集，可是却创下了当时全美最高的收视记录——无疑他成功了！健身教练哥伦布医生曾这样对他评价："史泰龙的意志、恒心与持久力都是令人惊叹的，他每做一件事情，都是投入百分百的精力。行动家的称号非他莫属，从没有看过他呆坐着，总是主动地令事情发生。"

有积极的工作态度，才会有美好的前途！

职业技能是你的撒手锏

　　在每一项工作中，都会包含许多个人成长的机会，如果你把职业视为一种积极的学习。每个行业要想有所突破，都应该去适应新的技术、适应新的竞争以及那些数不清的常态性变化。应用到个人，同样受用。一个不能在工作中学习和进步的人，就会无用武之地。要想有所突破，就绝不能站在原地，而应该每一天都去学习新的事物，不断去掌握新的技术，在改进自己的同时，把事情做得更好，随时抓住更好的发展机会，以不变应万变。

　　能力胜过金钱，它是无形的，却有着有形的力量。它既不

会遗失，也不会被偷。不妨看一看成功人士的成长历程，他们并不是一直攀登事业的顶峰，也不是一直停留在顶峰之处，而是曾经多次攀上顶峰，又坠入谷底，虽然起伏多次，却锻炼了他们的意志，工作能力总能帮助他们重返巅峰。

要想在这个时代脱颖而出，你就必须付出比以往任何时代更多的勤奋和努力，拥有积极进取、不断学习知识技能的心，否则，你只能由平凡转为平庸，最后变成一个毫无价值和没有出路的人。

你现在的工作也许平淡无奇，即使如此它仍旧有很多值得你去吸取新东西的地方，它教给你一些必要的技能或经验，而且在这个过程之中，你的创造力在不断地被激发出来，使你能在自己喜欢或擅长的领域里游刃有余。

有一大部分人习惯用薪水的高低来衡量自己所做工作的价值。然而，一个极其平凡的职业、一个极其低微的岗位，往往蕴藏着巨大的机会。只要你把自己的工作做得比别人更完美、更迅速、更正确、更专注，调动自己全部的智力，从旧事中找出新方法来，就能引起别人的注意，自己也会有发挥本领的机会，实现心中的目标。

相对于工作带给你的快乐来说，薪水是微不足道的，至少

可以说是有限的。公司业绩的提升和利润的增长，其中有你勤奋努力的成果，但同时你也得到了宝贵的知识、技能、经验和成长发展的机会，有了机会，离财富也就不远了。是你在勤奋中与老板获得了双赢。

现在的你，无论从事什么样的工作，是一个水泥工人也好，工作的白领也好，只要你勤勤恳恳地努力工作，你就是成功的，就是令老板认可的。

有人问杰出的法官一个问题，当别人问他对人生的成功来说什么东西最重要时，他回答说："一些人靠自己出众的才华取得成功，一些人靠各种关系取得成功，一些人靠美貌取得成功，但是，大多数人是从一个普通的职业上开始走向成功的。"所以，好好地耕耘你的职业吧，千万不要让它荒废掉。

戴尔在一家贸易公司上班，他很不满意自己的工作，愤愤地对朋友说："我的老板一点也不把我放在眼里，改天我要对他拍桌子，然后辞职不干。"

"你对于公司业务完全弄清楚了吗?对于他们做国际贸易的窍门都搞通了吗?"他的朋友反问。

"没有!"

"君子报仇三年不晚，我建议你好好地把公司的贸易技巧

和公司运营完全搞通，甚至如何修理复印机的小故障都学会然后辞职不干。"

朋友说："你用他们的公司做免费学习的地方，什么东西都会了之后，再一走了之，不是既有收获又出了气吗?"

戴尔听从了朋友的建议，从此便默记偷学，下班之后，也留在办公室研究商业文书。

一年后，朋友问他："你现在许多东西都学会了，可以准备拍桌子不干了吧?"

"可是我发现近半年来，老板对我刮目相看，最近更是不断对我委以重任，又升官，又加薪，我现在是公司的红人了!"

"这是我早就料到的!"他的朋友笑着说，"当初老板不重视你，是因为你的能力不足，却又不努力学习，而后你痛下苦功，能力不断提高，老板当然会对你刮目相看。"

不要看不起自己的工作，也不要只知道抱怨老板，却不反省自己。如果我们不是仅仅把工作当成一份获得薪水的职业，而是把工作当成不断学习、不断进取的事业，我们就可能获得自己所期望的成功。

有太多的年轻人，因为轻视目前所从事的工作，只知道一

味抱怨，不肯在积极的工作中去学习，最后连自己的一点点才华也被埋没于普通的工作之中。

如果一个人轻视自己的工作，将它当成低贱的事情，那么他绝不会尊敬自己。那些轻视自己工作的人，往往是一些被动适应生活的人，他们不愿意奋力崛起，努力改善自己的生存环境。对于他们来说，公务员更体面，更有权威性；他们不喜欢商业和服务业，不喜欢体力劳动，自认为应该活得更加轻松，应该有一个更好的职位，工作时间更自由。他们总是固执地认为自己在某些方面更有优势，会有更广泛的前途，但事实上并非如此。

工作本身没有贵贱之分，所有正当合法的工作，都是值得尊敬的。只要你诚实地劳动和创造，没有人能够贬低你的价值，关键在于你如何看待自己的工作。那些只知道要求高薪，却不知道自己应承担责任的人，无论对自己，还是对老板，都是没有价值的。

不要轻视自己所做的每一项工作，即便是普通的工作，每一件事都值得你去做，值得你全力以赴、尽职尽责地认真完成。小任务顺利完成，有利于你对大任务的成功把握。一步一个脚印地向上攀登，便不会轻易跌落。认真工作你就不会再有

劳碌辛苦的感觉，而且获得老板认可，更顺利地成就自己的事业的秘诀，就蕴藏于其中。

一个人的工作态度，又与他本人的性情、才能有着密切的关系。一个人所做的工作，是他人生态度的表现，一生的职业，就是他志向的表示、理想的所在。有许多年轻人，常常急功近利，其实我们对任何事，都不应抱过高的奢望，而应该先把学问与经验一点点地灌入自己的脑中，作为将来成功的资本。须知，今日社会所需要的，都是受过良好教育和品学兼优、受过训练的人。

热爱自己正从事的工作吧，就像热爱自己理想的事业一样。因为你目前的工作，其实也正是你理想事业的一部分，只有做好了它，你才能从中学到更多的知识、更多的技能，才能一步步地走向你所渴望的事业。世上很少有年轻时没打好根基，到后来竟能成就大业的人。那些成功的伟人，他们后来所获得的美满果实，大都是由于他们事先辛勤播下了良种。

让自己的长处在工作中发挥到极致

一个人生命的最高价值和人生中最荣耀的财富就是：经营自己的长处，它能够给你的人生增值。而经营自己的短处，会使你的人生贬值。贬值的人生，自然也就不会拥有优质的生活。

富兰克林曾经说过："宝贝放错了地方就是废物。"

有位中学生向世界首富比尔·盖茨请教成功的秘诀，比尔·盖茨说："做你所爱，爱你所做。"

遗传学家的研究成果表明：人的正常、中等的智力由一对基因所决定，另外还有五对次要的修饰基因，它们决定着人的特殊天赋，有降低智力或升高智力的作用。

　　一般来说，人的这五对次要基因总有一两对是"好的"。也就是说，一般人在某些特定的方面，可能有良好的天赋与素质。所以不要埋怨现实的环境，不要坐等机会，每一个人都应该根据自己的特长来设计自己，根据自己的环境、条件、才能、素质、兴趣来确定努力方向。

　　赵本山当农民时，有人评价他说："重活干不了，轻活还不愿干，只会耍嘴皮子。"然而他却把嘴皮子耍成了一门学问，一门功夫，成为明星。乔丹成名之前，曾到一家二流职业棒球队打棒球，他的成绩只是一般，最后悻悻而归，然而最后他又有了"篮坛飞人"的美称。由此可见，如果一个人想要成功，首先必须要知道个人能力和职业的最佳结合点，去经营自己的长处。

　　有的人擅长与人打交道，有的人擅长与物打交道；有的人不擅长与人打交道，但是擅长与数据、信息打交道。每个人都有自己的本事。也就是每个人都有自己的天赋。所以，没有哪一个认识到自己天赋的人会成为一个无用之辈；同时，也没有哪个在错误地判断自己的天赋的时候，逃脱平庸的命运。

　　一些知名企业在招聘员工时，都要对求职者做一番个性测试。因为人们知道，必须把不同个性的人（不同天赋的人）放

在最合适的岗位上，才能发挥出他自身最大的潜能。一个喜新厌旧的人在一个保守的企业工作，他会经常受到批评。会成为主管眼中的叛逆分子，会令人头痛不已。可是当他去从事创意方面的工作时，也许会大受欢迎，因为他总能提出新的想法。

　　一个人最大的聪明才智就是自己的天赋，而真正适合的事业应当能够表现他的个性与天赋。如果找到了自己合适的位置，工作本身就会充分而全面地调动你的才能。

　　朱德庸，台湾著名漫画家，25岁时红透宝岛，他的《双响炮》《涩女郎》《醋溜族》等作品在台湾深受读者喜爱；在大陆，他的漫画也同样非常畅销。然而又有谁知道，他小时候还是个问题孩子，那时候他很自卑，总是认为自己很笨。长到十多岁后，他酷爱图形，对形形色色的图画很敏感，与此同时，对那些文字倒是有些反应迟钝。每天他在学校里画，回到家里也画，书和作业本上的空白地方都被他画得满满的；更好笑的是，如果他在学校受了哪个老师的批评，只要一回到家就画他，狠狠地画，让他在画里"死"得非常惨。有媒体发现了他，专门为他开办了漫画专栏。他发现了自己的长处，并努力去经营它，最终，他成为了一位优秀的漫画家。

　　全能奇才在这个世界上是没有的，充其量不过是在某一两

个方面有所造诣。歌星姜育恒以一曲《再回首》走红，却在经商的道路上一败涂地。在这个物竞天择的年代，只能积聚全身的能量，朝着最适合自己的方向，专注地投入，才能成为一个优秀的人。一个优秀的人才能够在生活的坐标中找到自己对生活的信心。

大诗人李白说过："天生我材必有用。"这里的"有用"应指各种作为，各种才能的发挥，而不仅限于位极人臣、富甲天下、武林泰斗等，如果人人都把这些当作奋斗的目标，那么失望的人一定很多，原因很简单，就是目标与自己的实际不对路。或者是自己的天赋和事业不一致。就像鱼儿要飞翔，鸟儿想游泳一样，那么鱼飞翔的生活和鸟儿游泳的生活肯定极其不佳。其实鱼何必羡慕鸟，鸟儿何必羡慕鱼，二者都有独到的用武之地，所谓：海阔凭鱼跃，天高任鸟飞。

每个人都有自己的天赋（包括弱智者和残疾人）。

每个人最大的成长空间，在于其不同方向的先天优势。成功学告诉我们：后天的优势可以建立，但是先天的优势不可以改变。天赋既不能增加，也不能减少，不能在本来没有的情况下通过学习获得，只能在有的前提下通过传授、培训来加强。只要你识别和接受自身的天赋和性格，配以必要的知识和技

能，而且寻找你所具备天赋和性格的事业，持续地使用它们，并且坚持下去，就能够寻找到属于自己的完美幸福人生。

热情，让你的工作充满奇迹

　　有人说，全世界的人几乎都在沉睡，你认识的、看到的或是正在交谈的人，其实他们的人生都是在梦中度过的。只有寥寥无几的人是真正清醒的，他们总是在用充满惊奇的眼光看待世界。他们总是在用火一般的热情对待工作，对待人生。

　　热情是点燃生命的火种；热情是照亮前程的心灯。激荡内心澎湃的热情方能绽放光彩绚丽的人生！只要我们具备了热情，就能在工作中创造快乐和激情。热情是一个人因为对事业具有浓厚的兴趣，对未来充满信心，而表现出的一种高度负责、全身心投入的情感。同时，热情还是一种积极、乐观、豁

达的生活态度。

　　事实上，一个热情的人，等于是有神在他的心里。热情也就是内心的光辉——一种炙热的、精神的特质，如果将这种特质注入到我们的奋斗之中，那么我们无论面对什么样的困难，都将所向披靡，战无不胜。

　　"失去了热情，就损伤了灵魂"，每个致力于成功的人，都应该牢记这句话。在各种成功素质中，居于首位的，应该是热情。要成功，一定要有梦想、有远见、有热情、有执着。我们一定要对某个目标朝思暮想，不实现誓不罢休。一定要肯苦干、肯付出、肯拼命，有了动机、动力、活力，我们才有追梦的本钱。我们对自己的目标投注的热情越多，实现梦想的几率就越高。不管我们做什么，都要乐在其中，而且要真心热爱我们的事业，要拥有那种迫切的工作欲望。在我们热情渴望、愿意全身心付出的时候，就会产生超乎想象的坚强与力量，凭着这股力量，我们能经得起各种打击、失意和批评的考验。当然渴望只是一种情绪，最重要的是要敢于下定决心，动手去做。这就是实现梦想必须具备的步骤。

　　伊尔说："离开了热情，是无法作出伟大的创造的。这也正是一切伟大事物激励人心的地方。离开了热情，任何人都算

不了什么；而有了热情，任何人都不可以小觑。"

我们每个人身体内部，都有力量之源。我们可以用它来完成我们所期望的一切，医学研究证明：我们身体的每个细胞和器官都充满了生命力，其中热情自然也是这个生命力的一部分。我们应将这份热情全身心地投入到工作中去，把它当作一种使命来完成它，以此发挥它最大的力量。

保持热情，会使我们青春永驻；让我们的心中充满阳光，更会让我们保持对生命以及工作的乐趣。拿破仑·希尔曾说："若你能保持一颗热情的心，那是会给你带来奇迹的。"

让你的生活 优质而轻松

适者生存

只要我们活着，就得生存下去，要想更好地生存下去，就要参加竞争这场游戏。对于我们每个人来说，生存和竞争都是残酷的。只有懂得生存，学会竞争，我们才能更好地存活于世上。

在深海里氧气极其稀薄，很多动物为了生存下去，不得不根据深海里的环境来进化自己。其方式就是尽量减少活动，或者干脆就不动，蛰伏在一个地方很长时间，用以减少身体对氧气的过分需求。深海里环境就是再恶劣，不少动物还是顽强地生存了下来。然而，最近科学家研究发现：在深海里生活的动物逐渐在减少，而且原因却令人感觉很惊奇，不是因为氧气的

减少，而是因为氧气的增多才使得深海的动物慢慢减少。

有一片海域，最近移植了大量含氧海藻，因此导致了许多深海动物的死亡。人们想改善深海动物的生存环境，于是移植了大量的含氧海藻，然而却没想到反而害了那些动物。这些含氧海藻是一种能够制造氧气的深海植物，是普通海藻造氧量的100倍。增加了氧气的深海对鱼类应该是一件有益的事，然而这些动物千百年来已经适应了长期蛰伏于一处一动不动，已经适应了缺氧的环境。一时间有大量的氧气注入，它们反倒不适应了，产生了氧气中毒。要想不让自己中毒，唯一的方法就是迅速改变原有的生活习惯，改静止为动态。只有不停地游动才能够加速呼吸，让过量的氧气排出体外。这样，过量的氧气不但对它们构成不了威胁，反而会让它们更具活力。

两种动物很快就分出来了：一种是面对新的环境，无法通过改变自身去适应，最后只能被"淘汰"；而另一种则是随着环境的变化而快速地行动起来，因为适应了大量氧气注入的新环境而"如鱼得水"。

在2007年1月，斯诺克温布利大师赛决赛上，丁俊晖和罗尼·奥沙利文再一次狭路相逢。众所周知，丁俊晖是中国台球"神童"，他在去年的北爱尔兰杯台球赛的较量中，第一次战

胜了有着"火箭人"之称的罗尼·奥沙利文，如愿捧到了职业生涯中第三个世界冠军杯。而奥沙利文呢，也憋足了一口气想报一箭之仇。这回交锋，可谓"仇人"相见分外眼红，这是一次强者间的较量。

比赛开始后不久，丁俊晖旗开得胜，以2:0领先。这个时候，一幕不和谐的场面出现了：看台上，很近的位置上，有一名奥沙利文的"粉丝"在丁俊晖每一次起杆时都要大声咒骂，这种状况让丁俊晖感觉很不自在。他的心理开始出现波动，也许是骂声的影响，他在关键的几局中失误频频，结果很快以大比分落后了。

在这里，没有保安管理，"粉丝"发现寻觅到了好的加油方式，骂得更起劲了。到了第十二局，奥沙利文胜出，丁俊晖伸过手去，准备向奥沙利文祝贺。"火箭人"先是一愣，知道是对手弄错了赛制，随即他又感觉到了场内的变故，马上连说几声"NO，NO，NO"，然后搂住丁俊晖说："比赛还没结束呢，和我接着打完后面的比赛好不好？"丁俊晖方寸大乱，他已经无法全身心投入比赛了，甚至不知道该怎么打了。然而

他却继续着这场比赛。

奥沙利文一直在休息室里陪着自己这位小弟弟对手，他还叫来了一个四五十岁的香港人（他自己练球房的老板），一起来安慰他。他说："我听到了那个骂你的声音。我刚来伦敦时，而且也领教过这样的骂声，然而我依然坚持过来了。请你一定要记住，比赛是属于我们两个人的，那不是比赛。"

最后的比赛到了，开始前的一分钟，奥沙利文走向裁判，他要求将那个骂人的"粉丝"清退出场。在大家的一片喝彩声中，两人比赛进入第13局。当机会球再一次倒向丁俊晖的时候，奥沙利文主动走向球迷。要他们帮助加油助威。

奥沙利文获胜以后，他将与对手的礼节性握手改成了拥抱："没关系，以后还有机会，随时欢迎来伦敦找我，我很喜欢和你一起打球。"此刻的丁俊晖早已热泪盈眶："我流泪不是因为输了比赛，而是遇到了一位绅士。"

这场斯诺克比赛，给观众的感觉，他们不像是观看一场令人窒息的高水平角逐，而像在欣赏一门艺术，那是一种闪耀人性光环之美的艺术。也许比赛有很多种赢法。然而在赢得比赛的同时，赢得尊重和友谊，赢得对手的心，赢得观众的感动，

才是赢的最高境界。

在广阔的非洲大草原上，生存着各种各样的大型动物，而角马就是其中的一种。这种动物长得很像牛，它们生活在非洲的东部和南部。每当雨季，会有充足的雨水，大地上一片生机勃勃的景象，在这广阔的草原上，还散布着一匹匹非洲角马。可是每当到了旱季，角马为了寻找新鲜的草料，不得不离开这里，于是它们聚集起来，成群结队地去寻找食物（角马数量多达150万头），它们每天要走48公里。

每年10月，上百万的角马从几千公里外的坦桑尼亚迁徙到这里。在肯尼亚的马拉河中有两种动物，它们是角马们在渡河时必然要遇到的劲敌：其中一种是尼罗鳄（世上最大、最为凶残的动物），另外一种是则是有着"非洲河王"之称的河马。这条马拉河是角马们要渡过的一条河，而且是最后的一条。只要渡过去，它们就可以进入水草丰美的"马间乐园"。可是如果渡不过去的话，就会有绝大部分角马因缺草缺水而死。每年的10月和次年的3月，马拉河都会上演一幕幕惊心动魄的场景：狂野、惊险和悲壮的瞬间被演绎得淋漓尽致。

到了10月，马拉河的河水不再湍急。在一些地方可以清楚

地看到河底。对人类来说，卷起裤腿就可以过河了。只见有成千上万的角马，它们聚集在马拉河的岸边，来到这个通往"马间乐园"的必经之地。尼罗鳄、河马在河里目不转睛地注视着角马，它们等待着丰盛的大餐。片刻间，有几头小角马发现，离准备过河的地点不远处河水很浅，在那里，尼罗鳄和河马根本没有施展的空间。于是，这几头年幼角马聚集过去，想要从那里过河，躲避尼罗鳄和河马的攻击。刹时间，有好多头年老的角马（看上去像是它们的头领）过来驱赶这些小角马，它们根本就不允许它们从较浅处且没有尼罗鳄和河马的地方过河呢。

这一场面被《动物世界》摄制组真实地记录下来。工作人员问导游："角马明明知道马拉河里有凶恶的尼罗鳄和河马，为什么不从较浅且没有尼罗鳄和河马的地方过河，而是依然选择以前的路线呢？这不是找死吗？"

诚然，这些角马知道河浅处没有尼罗鳄和河马，可以安全地从那里过河。可是，它们同时也知道，这样的情况是难得一见的，尤其是马拉河，甚至有很多角马一辈子也不会遇上。如果小角马选择了从较浅处过河，并顺利到达对岸，那么到下一次再经过马拉河时，面对成群的尼罗鳄和河马，它们还敢过

让你的生活　优质而轻松

河吗？这些角马是种群繁衍生息的希望，要教给它们生存的法则。让它们知道，过不了河就意味着死亡，那对整个角马种群意味着什么呢？所以，角马必须要教育小角马放弃那老天疏忽的"恩赐"，以免丧失了抗争命运的本能，而是选择始终贯穿角马生命的危险，就是与尼罗鳄和河马的斗争。

少有的安全和屡见的危险，谁都要面对。角马为了更好地生存和繁衍生息而选择后者，这就是角马的生存法则。它使角马在面对凶险的生存环境时，依然能繁衍至今。

安逸的生活是慢性自杀

　　有一个女孩儿，从小的梦想就是当一名救死扶伤的天使，解除人们的病痛，给他们带去生的希望，还他们健康的身体。她一直按照自己的理想设计自己的人生，并且一步一个脚印地去实现。可是不巧，当她医大毕业的时候被分配到了一个让许多人羡慕的政府机关，在那里工作十分轻松。

　　然而时间不长，女孩儿开始郁郁寡欢，虽然她的工作很轻松，但是这份工作与她所学的专业并不相关，她是医大的高才生，可是在这里却没有施展才能的机会，也不能将所学更广泛地应用到医学领域，所以她想辞职，到外面的世界去打拼。但

同时她的内心深处却十分留恋眼下这份稳定又有保障的舒适工作，要知道外面的世界虽然很精彩可是风险也大，经过反复思考她仍然拿不定主意，于是她就将自己的想法告诉了爸爸。父亲听后想了一会儿，给她讲了一个故事：

从前，有一个农夫在山里打柴时，捡到了一只很小很丑的长相奇怪的小鸟，那只小鸟和刚满月的小鸡一般大小，因为它很小，老人很担心把它扔在山林里它根本就不能够存活，于是老人把它带回了家，到了家，老人把它放在了小鸡群里，让它充当母鸡的孩子，鸡妈妈并没有发现这个小群体里的异类，全权负起一个母亲的责任。它一天天的长大了，而且人们发现怪鸟竟然是一只老鹰。人们开始担心这只鹰再大一些会吃鸡。然而人们的担心是多余的，那只一天天长大的鹰和鸡相处得很和睦，只是当鹰出于一种本能在天空展翅飞翔再向地面俯冲时，鸡群出于本能会产生恐惧和混乱。

时间久了，人们对于鹰同鸡相处的事越来越担心，如果哪家丢了鸡，便首先想到是鹰所为，这些人们一致要求将这只鹰杀掉，可是农夫不舍得杀鹰，所以准备将鹰放生，让它回归大

自然。

农夫用了许多办法都无法让鹰返回大自然，他把鹰送到很远很远的地方放生，过了不几天那只鹰又飞回来了，农夫驱赶它，不让它进家门，甚至将它打得遍体鳞伤，试过了很多办法都不奏效。

最后他们终于明白：原来鹰是舍不得那个温暖舒适的家园。

后来村里的一位老人说："把鹰交给我吧，我会让它重返蓝天，永远不再回来。"

老人将鹰带到一个最陡峭的悬崖绝壁旁，然后将鹰狠狠向悬崖下的深涧扔去，像扔一块石头那样。开始的时候它就像是石头一样，迅速的下坠，然而快要到涧底时，它终于展开双翅托住了身体，开始缓缓滑翔，然后轻轻拍了拍翅膀，飞向了蔚蓝的天空，它越飞越舒展，越自由，渐渐变成了一个小黑点，飞出了人们的视线范围，永远地飞走了，再也没有回来。

很多时候，我们总是对现有的东西不忍放弃，对舒适平稳的生活恋恋不舍。一个人要想让自己的人生有转机，就必须懂得在关键时刻把自己带到人生的悬崖。给自己一个悬崖，其实就是给自己一片蔚蓝的天空。

享受工作

享受过程，精彩每一天。生命就像是一个括号，左边括号是出生，右边括号是死亡，我们要做的事情就是填括号，要用丰丽多彩的事情、好心情把括号填满，结果到了括号就结束了。

云南有一个古城，气候宜人、土地富饶、物产丰富，人们生活悠闲，节奏慢悠悠的。有一个英国绅士看到这里的人们生活悠闲，就问一个老太太，夫人，你们这里的人生活节奏为什么总是慢悠悠的？老太太说，先生，你说人最终的结果是什么？英国绅士想了想说，是死亡。老太太说，既然是死亡，你忙什么？

　　生命是一个过程而不是一个结果，有人看透，有人看破。学会体会过程，有的人就找最讨厌的地方去体会，这个世界总会有阴暗面，一缕阳光从天上照下来的时候，总会有照不到的地方。如果你的眼睛只盯在黑暗处，抱怨世界黑暗，那是你自己的选择。现代社会由于残酷的竞争，人心变成了"狼心"，这套理论能把"狼心"变成"仁心"，能缔造家庭幸福、团队和谐。知道什么是末位淘汰吗？它是森林规则。动物为了保护自己拼命地跑，跑得最慢的留给狼，狼把它吃掉。森林规则用在了人身上，人心不就变成了"狼心"了吗？大家都在拼命地扩大市场份额，在蛋糕不变的情况下，就是把别人的饭拿来给自己吃。竞争已经渗透到人的骨子里面，使人烦恼，心态变差。

　　竞争是残酷的，人还要快乐，大家就在矛盾的夹缝中生存。

　　刚刚步入社会的年轻人，多数喜欢张扬个性，同时也任意而为，不懂得委曲求全，导致工作处处碰壁。而涉世渐深之后，学到了职场的生存法则，能够分清主次，学会了内敛，少出风头，不生闲气，专心做事情。保持生命的低姿态，避开无谓的纷争，躲开意外的伤害。更好地保全自己，发展自己，成就自己。

　　一个满怀失望的年轻人，千里迢迢来到法门寺，对释家学

者法明说："我一心一意要学习丹青，但是至今仍然没有找到一个能够令我满意的老师。"

法明笑笑问："你走南闯北十几年，真没有找到一个自己的老师吗？"年轻人深深地叹了口气说："许多人都是徒有虚名啊！我见过他们的画，有的画技甚至还不如我哪！"法明听了，淡淡一笑说："我虽然不懂丹青，但也颇爱收集一些名家精品。既然施主的画技不比那些名家逊色，就烦请施主为老僧留下一幅墨宝吧！"说着，就让小和尚拿了笔墨砚和一沓宣纸。

法明说："我最大的嗜好，就是爱品茗饮茶，尤其喜欢那些造型流畅的古朴茶具。施主可否为我画一个茶杯和茶壶？"年轻人听了说："这还不容易？"于是调了浓墨，铺开宣纸，寥寥数笔，就画出了一个倾斜的水壶和一个造型典雅的茶杯。那个水壶的壶嘴正徐徐吐出茶水来，注入到那茶杯当中去。年轻人问法明："这幅画您满意吗？"法明微微一笑摇了摇头。法明说："你画得确实不错，只是把茶壶和茶杯放错了位置了。应该是茶杯在上，茶壶在下呀。"年轻人听了笑道："大师为何如此糊涂，哪有茶壶往茶杯里面注水而茶杯在上茶壶在

下的？"法明听了又微微一笑说："原来你懂得这个道理啊！你渴望自己的杯子里面能够注入那些丹青高手的香茗，但是你总是把自己的杯子放得比那些茶壶还要高，香茗怎么能够注入你的杯子里面呢？涧谷把自己放低，才能吸纳融会百川，成汹涌之势啊。"海纳百川，有容乃大，是因为身处低下，方能称为百谷之王。

长期以来，人们一直觉得，无论是生活和事业，聪明最重要。其实，在成功的道路上，排在聪明前面的一个重要的因素就是胸怀。所谓胸怀，就是一股用天下之才，尽天下之利的气度，当然，还包括相当程度的包容——对异己的包容，对不恭敬的包容，对不如自己者的包容。只有这样，你才会形成一种从广大处觅人生的态度，把生命的境界做大，把事业做大。

老子说，当坚硬的牙齿脱落时，柔软的舌头还在。柔软胜过坚硬，无为胜过有为。学会在适当的时候，保持自己的低姿态，绝不是懦弱和畏缩，而是一种聪明的处世之道，是人生的大智慧，大境界。

别让心中的顽石阻路

有些时候，阻碍我们去发现、去创造的仅仅是我们心理上的障碍和思想中的顽石。

有一块宽度大约有50公分，高度有10公分的大石头，摆在一户人家的菜园里，每当人们从菜园走过，都会不小心踢到那块大石头，不是跌倒就是被擦伤。

"父亲，为什么不把那块讨厌的石头挖走？"儿子愤愤地问道。父亲回答说："谁让你走路一点都不小心呢！它摆在那儿，还能训练你的反应能力。要把它挖走可不是件容易事，它的体积那么大，你没事无聊挖什么石头呀！在你爷爷那个时

代，它就一直在那儿了。"

就这样又经过了几年，当时的儿子娶了媳妇，也当了爸爸，然而这块大石头还摆在菜园里。有一天媳妇气愤地说："父亲，菜园那块大石头，我越看越不顺眼，改天请人搬走好了。"

父亲回答说："算了吧！那块大石头很重的，可以搬走的话在我小时候就搬走了，哪会让它留到现在啊？"大石头不知道让她跌倒多少次了，媳妇心底非常不是滋味。

有一天早上，媳妇带着锄头和一桶水，将整桶水倒在大石头的四周。十几分钟后，媳妇用锄头把大石头四周的泥土搅松。媳妇早有心理准备，可能要挖一天吧，谁都没想到几分钟就把石头挖起来，看看大小，这块石头没有想象的那么大，人们是被那个巨大的外表蒙骗了。

你抱着下坡的想法爬山，便不会爬上山去。如果你的世界沉闷而无望，那是因为你自己沉闷无望。改变你的世界，必先改变你自己的心态。搬走那块顽石。

不要把自己当作鼠，否则肯定被猫吃。

在美国，有个富贵人家生下了一个女儿。然而不久，她便患了一种瘫痪症，从此丧失了走路的能力。

　　女孩生日那天，家人在大轮船上为她庆祝生日。她坐在轮椅上，与家人一起乘船旅行。船长的太太告诉她说，船长有一只天堂鸟，它非常漂亮，并且给她讲了有关这只天堂鸟的许多奇迹般的故事。她被有关这只鸟的故事给迷住了，极想亲自看一看。于是保姆把孩子留在甲板上，自己去找船长。孩子耐不住性子等待，她要求船上的服务生立即带她去看天堂鸟。那服务生并不知道她的腿不能走路，只顾带着她一道去看那只美丽的小鸟。奇迹发生了，孩子因为过度的渴望，竟忘我地拉住服务生的手，慢慢地走了起来。从此，孩子的病便痊愈了。女孩子长大后，又忘我地投入到文学创作中，最后成为了第一位荣获诺贝尔文学奖的女性。

　　忘我是走向成功的一条捷径，只有在这种环境中，人才会超越自身的束缚，释放出最大的能量。

困境就是转机

人生这条路，无论我们走得多么小心、多么努力，只要稍微遇上一些不愉快的事情，便习惯性地抱怨老天对我们不公，进而祈求老天能赐予我们更多的力量，以帮助我们渡过重重难关。事实上，老天对每个人都是公平的，就像它对老虎和大象一样，人生的每一个困境都有其存在的价值。

有一天，动物之王老虎来到了上帝面前说："首先，我非常感谢你赐予我强大无比的力气，还有雄壮威武的体格，这些能力足以让我来统治这个动物王国。"

上帝听了平静地说："我知道，这不是你来找我的真正目

的，是不是有什么事情困扰着你呢？可以说给我听听。"

　　老虎应了一声，开心地说："上帝真是神呀，这么了解我啊！今天来这儿，我确实有事情要求助于你。虽然我的权力很大，但依然被每天的鸡鸣困扰，每天早上我都会被鸡鸣声给吓醒。上帝啊！求求您再赐予我一些力量吧！赐予我能够不再被那些鸡鸣声给吓醒的力量！"上帝微笑着说："或许大象会给你一个满意的答复，你去找大象吧！"老虎兴高采烈地向湖边跑去，还没见到大象，就听到大象踩脚发出的"嗵嗵"响声。

　　老虎加快速度跑向大象，却看到大象一直在踩脚，还气呼呼的样子。

　　老虎不解地问："你的脾气怎么这样大，遇到什么不开心的事情了吗？"只见那头大象不停地摇晃着两只大耳朵，气愤地说："不知道从哪里冒出讨厌的蚊子，一门心思地想钻进我的耳朵里，我都快痒死了。"老虎离开了大象，默默地在心里想着："纵使是体形巨大的大象都摆脱不掉被小蚊子叮咬的命运，何况是我呢？我还有什么好抱怨的呢？那鸡鸣也就是一天一次，可是蚊子却是无时不在地骚扰着大象。这样想来，我可

比它幸运多了。"

　　老虎往森林深处走去，一边走还一边回头看着仍在跺脚的大象，心想："上帝要我来看看大象的情况，应该就是想告诉我，谁都会遇上麻烦事，而他并没有办法帮助所有的人。所以，只能靠自己了！那么以后每当鸡鸣时，索性把它想成是鸡在提醒我应该起床了，鸡鸣声对我还算是有益处呢！"

　　有时我们在困难面前显得有些力不从心，可是如果你直面它，甚至忽视它，你会感觉到它也怕你，怕你的决心战胜它，更怕你轻视它。因为那样它在你面前就没有强大的地位了。

　　在我的成长道路上，有一件事情始终在我的记忆深处。记得那是个风雪狂暴的星期二，教室窗外就像是有无数发疯的怪兽呼啸厮打在一起。温柔的雪失去了往日给人的宁静感觉，它恶狠狠地寻找可以袭击的对象，风呜咽着四处搜索。

　　同学们都喊冷，根本没了读书的心思，就像被这冷空气冻住了一样，整个教室听取跺脚声一片。

　　只见鼻头红红的林峰老师挤进教室时，那似乎等待了许久的风席卷而入，贴在墙壁上的《学生守则》一鼓一顿，像在开玩笑似的卷向空中，突然又一个跟头栽了下来。往日很温和的

让你的生活 优质而轻松

林峰老师一反常态，满脸的严肃、庄重甚至冷酷，一如室外的天气。

教室里一直无法安静下来，同学们惊异地望着林峰老师。"请同学们穿上胶鞋，随我一起到操场上去。"几十双眼睛在问。"因为我们要在操场上立正五分钟。"即使林峰老师下了"不上这堂课，永远别上我的课"的恐吓之词，还是有几个娇气的女生和几个蛮横的男生没有出教室。操场在学校的东北角，北边是空旷的菜园，再北是一口大塘。那天，操场、菜园和水塘被雪连成了一个整体。

那破旧的篮球架，被雪团打得"啪啪"作响，似乎也矮了许多，一些雪粒席卷起雪团呛得人睁不开眼张不开口，仿佛无数把细窄的刀在划着同学们的脸。尚不算厚实的衣服像铁块、冰块，脚像是踩在带冰碴的水里。同学们挤在教室的屋檐下，谁都不肯迈向操场半步。林峰老师没有说任何话，站定在我们的身边，只见他脱下了羽绒衣，当线衣脱到一半，风雪就适时地帮他完成了另一半。"都到操场上去，立正站好！"林峰老师脸色苍白，认真地一字一顿地对我们说。这个时候，同学们

谁也没有吭声，一个一个老老实实地到操场排好了四列纵队。我们瘦削的林峰老师身上只穿了一件白衬褂，他那瘦削的身躯，在衬褂紧裹下更显得单薄。同学们都安静了下来，一直保持立正的姿势，规规矩矩地在操场站了五分钟。

当我们坐在教室里时，大家都以为自己敌不过那场暴风雪，可是事实证明，我们在外面站上半个小时都可以顶得住，即使叫我们只穿一件衬衫，也依然能够顶得住。我们的生命之中会有许多伤痛，千万不要把它想得有多么严重。别把它当回事，它是不会很痛的。你觉得痛，那是因为你自以为伤口在痛，害怕伤口的痛。面对困难，许多人戴了放大镜，但和困难拼搏一番，你会觉得，困难不过如此。人生必须渡过逆流才能走向更高的层次，最重要的是永远看得起自己。一天，农夫的老马不小心掉进一口枯井里，它在枯井里嘶鸣乞求农夫来救他。可是任他绞尽脑汁想尽了各种办法仍然是无济于事。几个小时过去了，眼看就要天黑了，老马还在井里痛苦地哀嚎着，到了最后，农夫决定放弃努力，他在心里暗想，反正也是老马，干不了多少活了，也不用这样兴师动众去救它了。

让你的生活　优质而轻松

可是无论如何，都应该把这口井填满，因为怕以后有马再掉入枯井中。

他请来了左邻右舍，帮他一起将井中的老马埋了，以减轻它的痛苦。他的邻居们每人手中有一把铲子，一齐将泥土铲进枯井中。当这头老马清楚了自己的处境后，伤心地流泪了，而且哭得十分凄惨。这时，出人意料的情况出现了，几分钟的时间，这头老马就异常安静下来。人们好奇地往井底探头一看，眼前的景象令人们大吃一惊：当铲进井里的泥土落在老马的背部时，老马的反应令人称奇——它将泥土抖落在一旁，然后站到铲进的泥土堆上面！经过两个小时，老马将大家铲进井的泥土全数抖落在井底，然后再站上去。很快，老马便得意地上升到井口，然后在众人惊讶的表情中快步跑开了！就像老马所遭遇的情况一样，每个人的生命旅程中，不知道什么时候也难免会陷入"枯井"之中，同样也会有各种各样的"泥沙"倾倒在我们身上，真正想要从这些"枯井"脱困的秘诀就是：将"泥沙"抖落掉，然后站到上面去！

一个障碍，就是一个新的已知条件，只要愿意，任何一个障碍，都会成为一个超越自我的契机。

发展事业的方法

1.无论你从事什么样的工作，你都应该清楚自己的特长所在，并且让这些特长得到充分发挥。同时，明确公司的战略目标，不断努力工作，提高自己在公司的价值。

2.不断为自己设定新目标，让自己的能力在工作中发挥到极致。其前提条件是当前的工作你能够驾轻就熟，就可以去申请新的任务或面对新的挑战。

3.虚心向他人请教，听取他人对你工作的改进建议，同时，在接受这些意见时要心胸开阔，把它作为你学习的机会。不要等着别人对你的工作的评价，每隔几个月和你的主管会

谈，工作要有主动性。

4.不断地学习新知识，用互联网知识来武装自己。同时要有将你的成绩和进步记录在案的习惯，这样便于你在总结时，能够对自己一目了然，有个清晰透彻的把握。

5.在工作中要团结同事，有团队意识。在单位积极表现，增加你的知名度，使你成为核心成员，多帮助别人，使你更受欢迎。

6.拥有良好人际关系的基础是对他人的性格、行为特点有个深刻地认识，你可以在二至五年变换一个工作。横向的变动比晋升对你的事业更有利。拥有创业者的决心，选择挑战最大的岗位。

7.面对工作，投入百分百的热情，并对自己有信心。愿意重新定位自己，考虑更远大的前景。如果你现在的定位不成功，不妨观察一下你身边的其他机会。

8.做自己喜欢的事情，包括选择工作。

9.不看重眼下的收入，而是注重公司的长远发展。

第四章

优质的选择

你为什么要选择

　　人生处处是选择，当你从梦中醒来，从睁眼睛开始，你就在选择。选择几点起，穿哪件衣服去上班，早点吃些什么，周末看哪部电影，是去探望姐姐还是和朋友出去逛街，是去会会久违的大学同学，还是一个人在家里静静地听听音乐，看看自己喜欢的书籍。女孩子要在众多的追求者中考虑哪一位适合自己；男士要在许多的工作机会中找到自己满意的。这些选择有大有小，每一个选择连成串，累积起来就是你人生选择的结果。鲁迅弃医从文，成为了文学巨匠；梵高放弃了他的传教事业，成了著名的画家。如果放弃是对生命的过滤，是对自己的重新认识和发

现，那么选择是对生命的跨越，是对生活的主动驾驭。

　　生活之中，好多人都是聪敏智慧，思维严谨，既勤奋又闻多识广，可在选择的问题上却常常打败仗，总是在有意无意间选择了最坏的东西，似乎要特意显露他们做错事情的本领似的。看来知道如何做选择是老天赋予我们最伟大的才华之一！要充分地运用它呢！

　　一位从美国回来的友人说："在美国生活的这几年，给我印象最为深刻的就是我们国人不会选择。"国内的一个代表团去美国考察，美国的工作人员问团长："先生，早餐想吃些什么？"团长回答说："随便吧！"工作人员感觉很疑惑，随便是什么呢？当问到行程安排的时候，回答依然是："随便吧！"而美国人到国内时，我们首先请客人喝茶，他们同样也感觉很疑惑："为什么不问我想喝些什么呢？白水、饮料、咖啡，即使是茶也有凉、热之分吧！"

　　人生是需要选择的，也许选择的对与错，会决定成功与失败。可我们仍然要去选择。每个人都有自己的优点和缺点，短处和长处，在你的人生当中，是否因为没有作出正确的选择，而错失了一些获得成功的机会？假如给你一种可以洞悉未来的力量，但是会要求你付出代价，你愿意吗？假如给你能够推算

未来的力量，你能够把握住机会吗？只有用选择来开始每一天的生活，才能使你过个明明白白而非昏头昏脑的一天。相信在你的身上蕴藏着潜力，你要去追求更高的成功，在自我发展及自我成就的路上急流勇进，而这一切的起点，就是作出的选择。

女人有个可爱的儿子。她通常有个习惯，就是会接连不断地告诉儿子如果他犯了错误，上帝就会惩罚他。结果这个小孩总是生病。女人简直要疯了，她不知道该怎么办好。当她选择告诉她的儿子上帝爱他的时候，事情就发生了变化。是什么带来了变化？是上帝使这一切发生了变化吗？是这位母亲，她选择了一种正确的方式将上帝展现在孩子面前，这改变了孩子的生活，也改变了她自己的生活。

我们必须意识到，没有任何我们自身之外的东西会伤害我们。

如果我们选择将车开得太快，以至于它最终失去控制，又应该怪谁呢？如果我们要把钱带进棺材，成为"坟墓中最富有的人"，却使自己成了病人的话，又应该怪谁呢？如果我们没有学会怎样生活，我们应该怪谁呢？怪上帝？啊，不！不能怪任何人。上帝爱你，他不会伤害任何人。我们没有正确地运用上帝赋予我们的最大的力量：选择的能力。这样我们便伤害了我们自己。

选择决定命运

上帝赋予每个人以至高无上的权利——选择，他赐予每个人的机会是均等的，所以说这份权利是公平的。选择一个怎样的人生，取决于你自己，上帝不会告诉你要如何去选择，他只会善意地提醒你，人生会因选择的不同而不同。一个人的命运，是他无数选择累积的结果。每个人都是自己命运的编导，你的人生之戏是惊心动魄、流光溢彩、委婉曼妙、超凡脱俗，都是你选择的结果。

有三个犯了罪的人，要在监狱里服刑三年。服刑前，监狱长可以满足他们每人一个愿望。比较喜欢抽烟的那个人，选择

要了三箱雪茄。怕孤单的那个人，选择了要一个美丽的女子，因为有女子的陪伴他就不会感到孤单了。而第三个人却很奇怪地要了一部能够与外界保持联络的电话。三年以后，三个人同时出狱了，要烟的人出来后就迫不及待地说："我要火、我要火。"原来他只顾着要烟而忘记要火了。怕孤单的人出来的时候，他怀里还抱着一个婴儿，而肚子大大的美丽女子手牵着一个宝宝，一家人其乐融融。那个要电话的人出来时，非常感激地走过去对监狱长说："为了表示感谢，我送你一辆车。"原来，这三年来他一直与外界保持着联系，以至于他的生意不但没有停顿，反而获利更多。

每个人有一次相同的选择机会，而选择的结果却不同。

父亲把两个同时考上大学的儿子叫到身边，对他们说："因为家里穷，供不了你们两个人，所以你们两个抽签决定，抽到上学的就去上学，另外一个在家种地。"于是父亲让弟弟在两个空白纸条上写字，一张上面写去，另外一张写不去。写完后，就让他们兄弟两人抽，弟弟让哥哥先抽，兄弟两人的目光充满了激动与渴求，他们的命运将从此时的选择被改变。最后哥哥抽到的纸条上面写着不去，他抹了一把泪，什么话也没

有说，拿起锄头就跑出了门。七年后，弟弟在读大学的城市里找到了一份满意的工作，月薪过万元，而哥哥还是面朝黄土背朝天，日复一日在田里劳作，一年下来，辛辛苦苦赚的钱还不及弟弟两个月的工资。

一个小小的选择，改变了一个人的一生。既残酷而又真实。

佛洛门在成功之初，想要演出一场戏，是别人已经演过却挫败的戏，当他作出这个决定时，受到了一些"内行"的嘲笑，他们劝他不要做这幼稚无知的事情，与其做这种事情，还不如在家大睡一觉。然而他并没有把他们的讥笑放在心上。

由于这部戏有过失败的历史，所以有许多戏院都把它从节目单中剔除了，它被认为是一部注定要失败的戏，可是佛洛门却花一大笔钱把戏本买过来。他有一个在戏剧界久负盛名的朋友，劝他不要演这出戏剧，他认为佛洛门的行为近乎白痴。最后，佛洛门用事实证明了他的勇敢并不是"白痴"的行为。当戏剧上演时，场景非常壮观，观众每天都挤得水泄不通，可以说是演艺界的空前盛况。

佛洛门是碰到好运了吗？他的行为是与赌博一样吗？不，是因为他坚信自己的选择，也勇于选择，他还知道自己的命运

掌握在自己的手中。他认为："自己觉得已有十分把握时，尽可能不顾别人怎样批评，就是要勇敢地去做就行。"

选择与快乐为伴

　　每天清晨醒来，我都会感觉到很兴奋，因为新的一天跳跃着向我走来。

　　当与朋友在一起的时候，我会感觉很开心，而且什么也不需要考虑，情绪激昂。

　　当想到父母时，我的心里有无限的暖意，更让我感到欣慰的是他们非常尊重我的选择。

　　当想到大学生活时，我会恋恋不舍那段美好的时光，有浪漫，有感动，有激情，有开心，有愉悦。

　　当想到健康时，我会以超人定义，因为我从来很少生病。

当有人要求我去做一些我并不喜欢的事情时，我会表明我的立场，说出我的"不"。

当我站在镜子前时，我不会自怨自艾，我会看到自己的闪光点，比如有一双漂亮迷人的眼睛，皮肤白皙、青春亮丽，而且有种美美的自信。

遇到不开心事情的时候，我的情绪也许会低落些许，但是我坚信，这些不愉快的事情很快就会过去的。

我一直渴望有大量的时间做自己喜欢的事情。

我深信自己是与众不同、独一无二的，而且我比别人突出。

如果你的生活与这些情况大多数相符的话，我在此要恭喜你，恭喜你是个快乐的人。想要获得快乐很容易，就是不去想难过的事情；但同时也很难，就是有些时候由不得你不想。对人生不必怀着恼恨，当然也不必过于忧虑。倘若我们遇到了突然的灾难或挫折，不妨把它看成一场突如其来的狂风暴雨，当时你也许会感到惊慌失措、痛苦难当，但不久之后，就会雨过天晴。

请你远离那些说你办不到的人吧，你大可把他们的警告看成"证明你一定能办得到"的挑战，仅此而已。

　　大兵上大学的时候，一连好几个学期都和W同学在一起，他是个好人，是在你缺钱的时候借钱给你，或者帮你忙的那个人。虽然他有这种美德，但是他对自己的生活、前途和各种机会却尖酸刻薄，吹毛求疵。

　　每当同学们谈到如何出人头地时，这位老兄就抢着说他的发财公式。他是这么说的："大兵，目前只有三个方法可以名利双收：第一个就是跟一个富婆结婚；第二个就是去抢劫；第三个就是想尽所有的办法拉关系，以便有机会多认识一些有头有脸的大人物。"

　　他时常举例说明他的发财公式如何管用。他会从报纸上挑出某个社会新闻来证明他的看法。例如，一个非常著名的劳工领袖居然把所有的基金卷走潜逃。他还会一边张大眼睛看那"水果小贩跟富婆结婚"的花边新闻，一面故意大声念给大兵听。此外，他还知道有一个家伙利用第三者的关系辗转认识了一个"大人物"，因而争取到一笔大生意，发了大财。

　　大兵不知不觉受到他消极观念的影响，陷入了所谓的成功的旋涡。

一天晚上大兵跟一位老师谈了很久，大兵受到了很大启发，发觉自己由于倾听悲观的言论过多，以至于束缚了自己。

从那时开始，大兵就再也不相信W的话了，只是去分析这个人而已。

往后十一年间，大兵一直没有再见过他，但是有一个他们都认识的朋友几个月以前曾见过他。他在另外一个城市做绘图员，收入很低。大兵问这位朋友："他的作风有没有改变呢？"

"没有！还是老样子，如果一定要说他有点儿改变的话，就是他比以前更消极而已。我们知道他确实很有头脑，如果肯动脑筋的话，可以赚到五倍的收入。只是他不会用。"

消极的人随处可见。千万要小心那些消极的人，不要让他们破坏你的成功计划。

当你有任何困难时，要找第一流的人物来帮你出主意才好。

想要生活得快乐，有一个最好的办法就是要远离那些使你不快乐的因素，同时与快乐为伴，把你的快乐传递给别人，让别人被你的快乐所感染。当你拥有快乐时，便会发现生活中没有任何困难是化解不了的，你会被一种强大的磁场吸引，飞向生命的快乐之峰。

有一种选择叫作放弃

生活中，每个人想追求的东西都很多。要是把眼光都放在那永无止境、毫无意义的东西上，那么这种纠缠就是永不停歇的。有时候，你会发现，你拼命去追求的东西恰恰是你应该放弃的，而那些你本应该放弃的东西，你却如视珍宝般地执着追求着，到最后一切都成了虚无，只留下一声叹息。如果说执着是一种精神，那么放弃则是一种勇气和境界。人生有限，不要把时间和精力放在漫无目的的事情上，忙忙碌碌、终无所成的人生不属于你。

在一个荒僻处，有一个原始的部落，生活着很多黑人。尽管

这个部落与现代文明隔绝，可是黑人的生活却自足而又快乐。

　　在一个下着雨的傍晚，一个黑人从外边打猎归来，不经意间发现了一个从天而降的饮水器皿，于是他把这个奇怪的东西带回了部落。部落里的人从未见过这个"怪物"，那是一个质地坚硬，放在阳光下观看还发着奇异的光的东西。还能用它吹出美妙的声音，于是族人们坚信，器皿一定是上帝赐予他们的一件礼物。接下来，这个器皿被人们互相传递，爱不释手，每个人都希望器皿在自己的手里多停留一会儿。过了一段时间，部落的人们经常因为试图得到器皿而打架，他们的生活失去了往日的宁静，究其原因，就是因为这样一个突然降临的器皿。

　　回顾往日的平和与安宁，那个平静祥和的家在他们的眼中悄失了，他们看到的只是这个器皿。部落里有一个智慧的人，决定把这个邪恶的东西送走，因为它改变了部落的生活，所以他要把器皿归还给上帝……他决定把它送到天边。

　　天边有多远，聪明人不知道，然而他知道怎样让人们继续生活得安宁祥和。有了这样一份舍弃，让我们发现这一刻的世界，比前一刻的世界更美，更富有人情味，也许，这已经够

了。知道在适当的时候拒绝某事。有所选择就要有所放弃，有所选择当然也要有所拒绝。这样才会快乐地生活。

有人说过："你要有良好的品位和正直的判断能力，只靠智力和运用能力是不够的。没有明察和适当的选择就不可能有完美的结果。这涉及到两种才华：能选择的才华和能够作出最佳选择的才华。"

在狒狒经常出现的区域，有人会放上一些口小身大的玻璃瓶，瓶里放着一些小果子。当狒狒伸进手抓拿果子的时候，隐藏在暗处的人就故意大叫一声吓狒狒。由于它舍不得到手的美食，爪子就被瓶口卡着出不来，没办法不得不带着瓶子逃跑。跑不快的它很快就被逮着了。这些狒狒只要被捉到，就逃脱不掉任人摆布的命运。它们会被送到马戏团去表演节目。细细想来，之所以狒狒会有这样的结局，就是因为它们没有人类聪明。要不是因为贪吃那些果子，它们的爪子就可以抽出来，有希望逃跑。正是因为它们选择了果子，所以就选择了一生的悲剧命运。小动物一个选择上的失误，给它们带来了一生为他人卖命的命运，这与山林间自由嬉戏的猴子相比，可是天堂与地狱的差别啊！

　　有的时候，人也是如此，什么都不情愿放下的人，同时会失去许多珍贵的东西。所以，要将眼光放得高远，才能够作出明智的选择。

　　有所放弃的同时也要有所拒绝。不要忙于一些鸡毛蒜皮的小事。更不要去管别人的闲事，同时也要防别人来管你的闲事。凡事能够做到有理、有力、有节就好，它会成为你一生受益无穷的财富。切不要让世俗的尘埃蒙蔽了你的双眼，更不要把自己的心灵套上沉重的枷锁。勇于放弃，是明智的选择。

　　你要给自己充分的自由，去用热情关怀一些尽善尽美的事物，保持自己的高雅情趣。

　　生活是一门艺术，我们一定要善于选择。一个行囊，如果已经装得太满，就会很沉、很重、很累。我们的生命背负不了太重的行囊，不要拖着疲惫的身躯走在漫漫人生路上。面对生活的一种清醒的选择，就是果断放弃。只有这样，生命才会轻装上阵，一路高歌；只有学会放弃才会走出烦恼的困扰，生活才会备感绚丽、富有朝气。

理性分析后再选择

人生道路很漫长也很曲折，但是要紧的只有那么几步。所以在做选择前，有个理性的分析是至关重要的。

每个人都在追求着成功，你又是如何来诠释"成功"的呢？只有别人才有权利去说你是否是个成功之人，有很多人有着这样的观点。然而事实上，个人的成功与否只有你自己能够作评判。千万不要以其他人的言语，来诠释你的成功，因为只有你自己是最重要的，也只有你才能决定你要成为什么样的人，只有你知道什么时候能使你满足、什么令你有成就感。知人者智，知己者强。你应该清楚地了解自己的雄心壮志和愿

望，还要在内心不断强化，使它逐渐明晰起来。

伟大的物理学家爱因斯坦，一次在实验课上弄伤了手，教授叹气说："你要是去学医学、法律或语言学多好呀？"他回答说："我觉得自己对于物理学有一种特殊的爱好和才能。"如他所云，他在物理学上取得了很大的成就，他对自己的认识是正确的。做事情如果需要别人都点头，那你的事情就肯定平淡得像河边的一粒沙了，休想成就一番事业。树根有千姿百态，艺术家要用树根的天然姿态，把它顺势雕刻成各种形象栩栩如生的作品。人与人的性格气质都各有所长，也有所短。认识自己的这些因素对选择很重要。

有一位先生，在一家事业单位工作，工作稳定，而且也很轻松，但是他想当老板，到南方去经营自己的小生意。他问自己：如果失败了，最坏的情况是什么？他想到了一无所有，然后他继续问自己：一无所有最坏的事情是什么？答案是他不得不干任何他能得到的工作，之后，最坏的事情可能是他又厌恶这种工作。你的生活不是试跑，每一天都是现场直播，没有彩排的，所以，作出正确的选择，更要作出理性的选择。艰苦的选择，如同艰苦的实践一样，会使你全力以赴，会使你力量无穷。

　　有一个女孩儿，从小就对各种漂亮的衣服尤为敏感，她很想有自己设计的服饰店，在满足自己对漂亮衣服欲望的同时，还能够给她带来一定的经济效益，而且她也喜欢自由轻松的工作方式。然而她的愿望一直没有实现，因为她的父母希望她能当老师，他们认为女孩儿当老师会是个不错的选择，一年有四个月的假期，而且工作也不累。于是在她高考填报志愿的时候，父母给她作了决定。毕业后，小女孩儿在学校里工作了一段时间，虽然当老师她也很认真负责，可她依然想实现儿时的梦想，能够做一名服装设计师。于是她不顾家人的反对，毅然决定重新学习设计。通过不断地努力学习，她终于实现了自己的理想，而且她的许多设计均被服装厂商肯定并采用。她很开心自己所从事的事业。如果当时她在作决定时，不相信自己，而是更多地在意其他人的想法，那她的理想便不会实现。外人的观点也是阻碍我们做正确选择的客观因素。对于外人的看法，我们应该批判地接受。

　　在你决定做一件事以前，你应该将那件事情的利弊都考虑到，要运用你的全部经验与理智做你的指导。一旦作好了决定，就要将这个决定贯彻到底。

"限时决定法"

选择就像春天播种一样，如果没有及时播下种子，无论后面的夏天有多长，也无法把春天耽搁的事情弥补上。拖延是很多人错失良机的关键。有些人在紧急关头作决定时，由于先前某事不成功而产生拖延现象。由于怕丢面子而没有与人及时沟通，由于一份真挚的情感而欲言又止……对于竞争激烈的现代人来说，迅速而有效地作出决定比什么都重要。坦白地说，一次错误的决断，也比没有决断好得多！

有些人做事喜欢犹豫不决，连小事都如此。如果一个比较好的方案，充满信心地宣布出来，并且全速实行，你所得到的

结果，通常要比长期难下决定好得多。

　　如果你身边有很多复杂又无法马上决定的问题，但是事情又很重要，不得不尽快解决时，你就可以运用"倒计时的方法"来解决这些恼人的烫手山芋。这就是给自己一个时限，来作完某些决定，避免这些决定一直拖延下去，甚至到最后放弃不管。

　　在决定目标的考虑上，是以"时间"为第一准则。至于决定品质及其他因素，都在"时间"因素之后。生活中有些决定是有时间限制的，而且是不能耽误任何一点时间的。这个时候，你就要采用"限时决定法"。

　　例如，你想办一个生日舞会，当天将会有很多贵宾出席，因此你必须把这个舞会办得有声有色才行。那么，在舞会举行前一个星期，你就必须作好各项决定和计划，以便工作人员能有足够的时间准备，比如确定出席名单、排定节目表、会场的布置及其他相关事宜，这些事项都是不能拖延的。

　　这时，不管你有多忙，不管这些事项还有多少资料需要找，多少前置作业要准备，不管这些决定多困难，你一定要给自己一个最后的期限。因此，遇到要早点作决定的情况，你一定要强迫自己在一定时限内达成。否则，等你做好尽善尽美的

决定时，时间也过了，那时就算选择再完美，也无济于事。

处在混乱中时，必须果断地作出自己的选择，优柔寡断和谨小慎微只能坐失良机。遇到麻烦的时候，快刀斩乱麻则会让形势变得明朗起来，让你可以更加从容地应对问题。

无悔的选择

　　在人生中作出正确的选择，对于每个人来说都不是件容易的事情。尤其当人们还年轻的时候，人生阅历、知识素养的积累都还有限，而且眼前困扰的因素很多，诱惑多，困难多，变数也很大，所以会无所适从。我想，就是那些所谓的智者，也会有力不从心的时候，即便是诸葛亮，也不敢肯定地说，他的每一个选择都是无悔的。面对大大小小的选择，你最先考虑的是什么？是自己的未来？还是朋友的看法？

　　事实上，不管做何种选择，可以肯定的是，如果你太在意别人的看法，那么，不论你选择哪一个方向，到最后总还是会

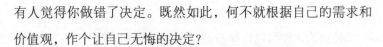

有人觉得你做错了决定。既然如此，何不就根据自己的需求和价值观，作个让自己无悔的决定？

如果世上真有什么对的决定，那也都是相对的，这个决定的"对"，是相对于自己的主观和人生的需求而言的。

不过，很多人都无法作出这样的决定，一方面是因为外界的杂音太多，另一方面是因为他们不知道自己到底要什么。

因此，有很多人做了表面上是对的决定，结果为了这个决定而悔恨一辈子，甚至有人从此逃避做决定。

人是自己幸福的设计者，也是自己痛苦的策划者。

为了谋取生活的成功，我们必须作出自己独立的选择。我们必须运用自己自由选择的权利。作为自己生活的总统，你每天、每个小时都可以作出自由的选择。你必须作出选择：

你可以轻视自己，也可以诚实地对待自己。

你可以觉得自己是人微言轻的无名之辈，也可以是心灵充实。

你可以办事拖拉，也可以马上就做。

你可以整天自寻烦恼，牢骚满腹，也可以心平气和地应付一切。

你可以遵循名言来生活，也可以按照别的生活原则生活。

你可以对生活悲观失望以至逃避，也可以充满信心地投入

行动。

处世为人你可以选择真诚，也可以选择罪恶。

你可以成为你理想中的人，也可以满足现状停步不前，你可以忠于职守，也可以逃避责任。

有关这一切的选择权都在你自己，因为你是你生活的主宰。

第五章

优质的行动

盘点你的生活

　　人与人之间原本没有很大的区别，然而为什么却有截然不同的人生呢？有的人拥有很好的工作、满意的职位、融洽的人际关系以及健康的体魄，而有的人却忙忙碌碌、不可终日，仅仅也只维持着生计并且百病缠身，整天郁郁寡欢。心理学家研究发现，区别的主要因素在于人的"心态"。要么你去驾驭生命，要么被生命驾驭。而心态则决定着谁是骑士。阿基米德曾经说过："给我一个支点，我就能撬起地球。"对于一个人来说，改变一生的支点就是良好的心态。一个人就是一个独特的世界。如果你想改变你的世界，首先就要改变你的心态。

你满意自己当下的生活吗？你是否过上了你想要的生活呢？你是否清晰深刻地审视过自己的生活？当下的生活有哪些令你感觉到满意？又有哪些令你感觉到不满意呢？

（1）你对目前的生活满意吗？你生活的重心是什么？生活质量如何？

（2）你的成长过程中有过刻骨铭心的经历吗？

（3）你乐意保持现在的生活标准和生活状态吗？如果不乐意，你渴望过一种什么样的生活？

（4）你是否认为自己无论身在哪里，都能随遇而安？悠然生活？你是否能够把每一种生活都过得很好？

（5）你生活中最大的败笔是什么？找到失败的原因了吗？你从失败中学到了什么呢？

（6）你是否定期整理自己的思绪？审视自己的生活并且追踪检讨？愿意抛去自己并不感兴趣的事物吗？愿意去改善你的生活吗？

当你把目前的生活林林总总都仔细地审视一番过后，你便再一次面对了你的生活。与此同时你可以对自己的生活有一个比较清晰、客观、冷静地透视和分析。盘点生活的过程，也是离心中那个理想的生活更近一步的过程。之于常人的你我，都

有很大的益处。

请看大师是如何盘点生活的，这对你以后的生活也许会有一定的指导作用。

本杰明·富兰克林，美国最伟大的先驱者和美国民主的缔造者之一，著名的科学家、出版家、外交家、政治家、哲学家和实业家，资本主义精神最完美的代表，人类道德与理性的最佳诠释者，一个令人难以置信的通才。

他从一个印刷工人到一个受世界瞩目的成功人士，一步一个脚印地走完了这个旅程。他在成功之路上有一个很好的习惯，就是在日常生活中每周进行自我检查。他还给自己制定了一些准则，内容如下：

节制欲望、沉默寡言、生活秩序、信心坚定、生活俭朴、勤勉努力、诚恳、忠诚老实、待人公正、保持清洁、镇静、贞节、谦虚有礼。

当他把一切准则制定好以后，一项一项地把各条准则记录在常用的一个本子上，每个星期，都要依次把违反的某一条准则记录在本子上。周而复始、日复一日，他所犯的错误在本子上的记录次数越来越少，直到寥寥无几。然而有的时候，那顽固的欲望

是不可能完全被理智所掌控的，比如那些最难以克服的缺点中就有骄傲，无论是你掩盖它，还是和它抗争，克服它也好，或者是尽情地嘲笑它，但是这个东西仍然会时不时冒出头来。

分散注意力是他所采用的办法，把所有的精力用在集中对付其中的一项。这个美德被掌握以后，又会有另外一个值得去注意的。以此类推，直到他做到了所有的准则。

节制被他放在了第一位。主要原因是节制欲望可以使人保持清醒的头脑。为了能够经常保持警惕，抵抗旧习惯不断的吸引力和它无穷无尽的试探与引诱，这种冷静的头脑和清晰的思想是必要的。

沉默寡言被他放在了第二。目的是使他自己有更多的时间来读书，俭朴和勤勉可以给他带来财富和产业，而诚恳和公正的实践看起来更加容易实现。对于每一项美德，他都抽出一个星期的时间去严格注意，彼此轮流替换。如此这般，经过一个星期，他严格预防关于节制的任何极细微的过失。而其他的美德像平时一样，只是每晚记下相关的过失。假如在第一个星期当中，他能够使写着"节制"的第一行里面没有黑点，他就以

为这一美德已经加强了，如此循环往复直到最后一项。十三个星期内，他完毕一个完整的过程，一年循环四次。就像是要给花园拔草，一次消灭所有的野草是不可能的，也不要抱有这种想法。人的能力是有限的，一旦超过了这个限度，就会力不从心，不如从一次对付一个花坛开始。渐渐地，他惊奇地发现自己的过失在一点一点地削减。经过一段时期，一年之中他仅仅完毕了一个循环。之后，几年完毕一个循环。完全放弃了这个计划时他也就成功了。

　　他认为，自己并没有达到原来雄心勃勃地想要达到的完美境界，甚至差得很远。可是靠着这种努力却使他比做这些尝试前要好得多，同时也快乐了很多。就如人们临摹书法，尽管做不到自己所期望的那种书法，可是至少比在他们临摹之前有了很大的改变。富兰克林把自己长期的健康归结于节制；他把年轻时境遇的安适、财产的获得、成为一个有用的公民以及他自己在学术界得到的一些声誉，全部归功于勤俭和俭朴；国家对他的信任和国家给他的光荣职位归功于诚恳和公正；他的和气和他谈话时候的愉快爽直当归功于全部这些品德的总影响。

活在当下，把握今天

　　Liveinthepresent（活在当下）。对于你来说，什么事情是最重要的？什么人是最重要的？大多数人的回答是，最重要的事情是赚钱，过富足的生活。要是能当上个官就锦上添花了，有了钱，就有了一切。最重要的人当然是父母、孩子和爱人了。至关重要的是活在每一个今天。也许有人会说，那今天晚上就去抢劫银行吧，不是活在当下吗？如果你真去抢了，一辈子就会担惊受怕地过日子，因为说不准哪天你就会被抓入狱，过暗无天日的生活。当你开着一辆越野车在路上狂奔，享受刺激带给你快感的时候，必须知道前面不是悬崖。活在当下，是

以未来为导向的当下。

　　一个深切渴望能够早日开悟的和尚，决心到深山中苦修，希望借着山川的空灵之气，洗净自己的心境，让自己得以早日到达化境。有一天，和尚在山林中散步，苦苦思索着经书上的话语，就像是一道难题一样，百思不得其解。这时候，突然有一种奇怪的气味拂过和尚的鼻端，空气中还有一种腥腥的气味，当他抬起头想看看究竟的时候，突然出现了一只凶暴吊睛的恶虎，恶虎气势汹汹地向和尚扑过来，说时迟那时快，和尚已从震惊中反应过来，拔腿就跑，他箭步如梭，向前飞奔，似乎把猛虎落在了身后，他继续拼命地跑着，然而老天似乎总爱和他开玩笑，当他用尽全身力气摆脱猛虎时，却陷入了另外的不如意，因为他跑到了悬崖边上，跑到了绝望的边缘，然而他并没有放弃求生的希望，奔向了悬崖边，他心里在暗暗地想着，如果悬崖下面有深涧，或许还能侥幸留住性命。

　　悬崖底下果然是一道极深的山涧，只不过水中隐隐约约还浮出几段枯木似的东西，漂浮在山涧里；可怕的是，那些状似枯木的东西都有着一口白森森的利齿，和尚看了个清楚，在山涧的水中，竟然有着一大群鳄鱼。

　　正当他思索着该如何处置眼前状况的同时，那只猛虎已然追到，倏地往前又是一扑，和尚没得选择，只能往山涧中一跳，手中稳稳地抓着悬崖边垂下的一根树藤，就这样让自己凌空悬吊在崖边。

　　和尚希望凭着自己的臂力，或许还可以支持一会儿，等到老虎失去耐心离去，可能还有一线生机。

　　这时候，悬崖边不知从哪儿冒出一黑一白两只老鼠，竟不约而同地啃食起和尚手中的那根树藤，眼看两只老鼠再啃上几下，树藤就要断了，和尚也将落入鳄鱼的口中。和尚望着那两只黑白老鼠，心中顿时醒悟，这两只老鼠岂不象征白天与黑夜，不断地在啃食人们的生命的剩余时光，而老虎、鳄鱼则是自己一直不愿去坦然面对的恐惧吗。在生命即将结束的这一时刻，和尚终于领悟，生命中最重要的，就是要让自己活在当下。就在这一瞬，老虎、鳄鱼、老鼠都不见了，和尚好端端地站在森林之中，脸上露出笑容，就在当下，成为一代大师。

　　出租车司机母亲的心脏病犯了，正在路上的他焦急地开车往家赶，不幸发生了车祸，送往医院的时候由于失血过多，断送了年轻的生命。他的妻子听到这个消息时，还正在给女儿做饭，听到这个消息，立时精神恍惚，急急忙忙地往医院跑，走的时候忘记了关煤气，家里失火，东西全烧没了，这就是祸不单行。

　　灾难既然发生了，就要既来之则安之，把握当下。从容面对一切苦难，只要你能尽力去做，并努力养成习惯，那么冬天过去了，还愁春天不来吗？

认清你的位置

　　对于旅游的人来说，手中有一张地图是最重要的，对于在沙漠中干渴的人来说，一瓶水是最重要的。对于焦急等待的高考生来说，一张录取通知书是重要的。

　　对于探险家来说，保持行进路线方向的正确是最重要的，他们行进在地球的最北端，那里是一片茫茫的雪原，四处一片苍茫，遍布着白色的荒地，这里没有任何形式的路标，他们只能依靠自己的测量仪器。

　　这些探险家行进两个小时就要休息一下查看手中的地图，这样做的目的是为下一步的探险绘制详细的行走路线。当探险家走出大本营几个小时后，有一件令他们不理解的事情发生

了。每一次他们在仔细读取测量仪器上的数据时，他们离极点的距离却越走越远，在行进的过程中，他们是严格按照仪表的测量走的，应该是准确无误的。

也许这只是一次错误的测量，探险家们并没有想太多，仍然继续向极点进发，令他们感觉惊奇的是，又经过一次数据的读取时，和上次的测量结果一样，他们离北极点更远了。尽管他们始终保持着正确的方向，细致准确地沿着既定的路线前进，这究竟是怎么回事？经过好长时间的观察，队员们奇迹般地发现，他们身在一座巨大的冰川之上，而且它还正在向南漂移，漂移的速度比他们向极点行进的速度要快不少。原来脚在一块可移动的物体之上，所以无论他们怎样努力，怎样精准地按照测量仪表显示指数前进，也是徒劳的。

生活之中，我们设定了自己的人生目标，并且选准了前进方向，努力了，奋斗了，付出了，可为什么始终没能到达胜利的彼岸？也许我们会埋怨外部环境，埋怨人情世故，埋怨为什么老天不公，可我们是否能低下头看看，是否是我们自己所站的位置不对。在错误的位置上很难走出正确的道路，不管你多么勤奋和坚持。所以在你选定方向之前，还是先看看脚下的位置吧！

做最重要的事情

随着年龄的不同，作的决策也有所不同。在什么年龄做什么事情，而且要挑重要的事情去做，是至关重要的。这些重要的决策，如果不被正确考虑的话，极有可能会导致生活中严重的负面结果。比如说不满意的健康、财务、孤独、空虚、破碎的家庭关系、可怜的自尊等等。

有这样一些人，他们身上装饰物极多，包括脖子上的一条项链，镶嵌在衣服上的胸针，佩戴头上的帽子，还有表情、语言，朋友、头衔，仔细思考你就会发现答案，就是因为在这种完备的装饰和多余的假象下可以展现他们的借口。生活不要被

过多小事所纠缠，这样永远也理不清。有一棵大树，岁月不曾使它枯萎，闪电不曾将它击倒，狂风暴雨不曾将它动摇，但是最后却被一些小甲虫的持续咬噬给毁掉了。人们不会被大石头绊倒，却会因为小石子摔跤；高山登不上，不是因为意志不坚强，只是因为鞋里的一粒小沙子磨破了脚。我们的生活如果被这些小甲虫、小石子纠缠，怎么会有优质的生活呢？所以，我们一定要把握人生的重要阶段，抓住该抓住的事情。切不要浪费了美好时光。毕竟流失的时间永远要不回来。

　　一位老师把一个圆柱形的瓶子放在了讲台上，接下来他取出许多大小不一的石块，然后他将其中的石块放进了瓶子里面，一块接一块地放着，到最后，石块把瓶子填满了，甚至还高出了瓶口，不能再放入一块了。这个时候他问道："同学们，有谁能告诉我，这个瓶子满了吗？"大家异口同声地大声答道："满了。""真是如此吗？"只见老师从桌子下面取来一小桶砾石，向瓶子倒了一些进去，然后敲击玻璃壁以使砾石填满石块的间隙。"同学们，现在瓶子满了没有？"学生有些犹豫又似乎明白什么，"也许还没有吧。"一位学生答道。"好！"教师又一次从桌下取出一杯沙子，然后把它慢慢倒进

瓶中。石块的所有间隙都被沙子填满了。教师向学生再一次发问："同学们，瓶子满了吗？""还没有！"学生们大声答道。老师又取来一壶水，将其往瓶子中倒，当水面与瓶口齐平时，他停止了。用非常平静的话语问学生说："同学们，你们明白了什么道理？"有位女学生举手发言："这个例子说明无论你的时间安排得多么满，只要你再加把劲，一定会做更多的事！""不！"教师说，"这只是其中的一个喻义，但这还不是它的全部喻义所在。开始的时候，假如你不把大石块放进瓶子里面，那么其他的也放不进去了。你生命中的'大石块'是什么呢？是知识、梦想，在你的生活中，要记得先做'大石块'一样的重要事情，然后再去做其他的事情。人生的每个阶段都有一些重要的事情需要把握，这就要看你如何把握了，如果你错过了，你可能永远也追不回来了。"

会管理时间

时间是什么？经济学家说："时间就是金钱。"医生说："时间就是生命。"教育家说："时间就是知识。"军事家说："时间就是胜利。"哲学家说："时间是真理的女儿。"时间到底是什么？

历数古今中外一切成大事者，无不惜时如金。"百川东到海，何时复西归？少壮不努力，老大徒伤悲。""盛年不重来，一日难再晨，及时当勉励，岁月不待人。""一寸光阴一寸金。"这些都是对时间的最佳妙喻。

"不好，再有十分钟就开饭了，什么事都干不了了。"这

是平日听到的最普通，也是频率极高的一句话。也会听到白领人士经常抱怨说："一个星期有三到四天的时间在加班，没时间锻炼身体，身体经常处于一种透支的状态。"也有人抱怨，虽然现在的职位有所上升，可是随之而来的是更加没有安全感。知识的更新速度太快，白领都感觉到时间是个瓶颈，一大堆的计划充斥着每天的时间表，当晚上总结的时候，却发现忙的都是一些琐碎的事情，重要的事情反倒没干。这都是因为他们缺乏时间管理的技能，不能很好地运筹时间。

一个充满竞争的时代，竞争能力的强弱，就体现在一个人能否把握时机、赢得时间，而且它还决定着竞争的胜负。在自己的事业生涯中，一个人、一个团队能否取得成功，做好时间管理极其关键。不善于管理时间的人，他们成功的机会要少之又少。美国著名的管理大师杜拉克说道，"不能管理时间，便什么也不能管理""世界上最短缺的资源就是时间，一定要严加管理，否则就会一事无成"。

管理时间也是有技巧的，下面和大家分享几条高效的办法：

（1）时间管理要有条理。做任何事情都要遵循秩序，比如工作和生活，需要条理化，有序化，这样才能够避免丢三落四。

（2）时间管理要有目标。究竟哪些事情值得去做，哪些

事情不值得去做，这需要你自己作出目标规划。通过目标来确定什么时间以什么方式来做事情。然后再根据这些事情对实现目标的不同贡献，分配自己的时间和精力。

（3）时间管理最为关键的一点是区分主次。把人生的任务和责任按照重要性排队。

（4）抽时间去精心思考。遇到一些重大的事情，最好找到可以一个人安静的、不被别人打扰的地方，静下心来，认真地思考，这是许多成功人士的做法。只有这样才不会被许多虚假的表象所迷惑。透过复杂的表象看到本质，从而作出正确的决策，最为有效的投资就是要把时间作为重中之重的因素，一定要从时间投资的角度来管理时间。当把时间作为投资的时候，所有的付出就应当有回报。所以，一定要将时间做最为有效的投资，将每一分、每一秒都做有生产效力的事情。其他的事情怎么办？每一个人都要学会有效地授权。什么叫作有效地授权，就是所有可以授权的事情，全部都要授权出去，凡是别人能做的事情，就放手让他们去干，给自己留一些空间。

（5）说到做到，在规定的时间内完成应该完成的事情。

（6）和有时间观念的人交往。

（7）利用好自己的零散时间。然而，很少有人注意这一

点。掌握好零碎的时间，足可以让人成功。

有一个年轻人，他在外的时间比在家的时间要多得多，但无论到什么地方，他总是随身携带着书籍，随时阅读。在别人那儿轻易就被浪费掉的零碎时间，在他这儿都能够被利用上。时间就像是海绵里的水，都是挤出来的，这些零碎的时间他都会用来学习知识。正因如此，文学、历史和科学等方面，他都相当有见地。

从一个青年人怎样利用零散时间就可以预见他的前途。自强不息、随时求进步的精神，是一个人卓越超群的原因，更是一个人成功的征兆。

能够充分利用路上、车上、床上等千百个零碎时间，就能取得成功。不幸的是，在我们周围，有成千上万的青年男女，对光阴的匆匆流逝视而不见、麻木不仁，不懂得珍惜自己的青春。他们没有真正意识到时光如箭的残酷，昨天是使用过的支票，明天则像是没有发行的债券，只有今天是现金，可以马上使用。今天就是我们轻易拥有的财富，无端的挥霍和无端的错过，都是对生命的一种浪费。

智者从来不会相信所谓的明天，也从来不屑与津津乐道明天的人们为伍。朱自清有篇散文《匆匆》，他说："我们洗手

的时候，时间就从指缝溜走。"

你在这世上所花的每分每秒，你的点滴的时间，就是你最有价值的资本。这些时间是一维的，是不可逆的，所以如何分配并且有效地运用你生命中的时间，将决定你是否成功。管理好了你的时间，就是管理好了你的生命。

正确理财

　　钱财是我们生活或者创业必不可少的条件之一。古人云："君子爱财，取之有道，用之有度。"用合理合法的手段获取的财富，是个人成功的表现。每个认真生活的人，不会轻言自己蔑视金钱。有了钱财，不善管理，则会让自己的生活变得一团糟，工作自然会受影响；能把自己的钱财管理得井井有条的人，他在人生的路上会走得顺利得多。

　　从前有个生活十分困苦的人，他每天坐在自家门口看过往的行人。一天，一个富人经过他家门，见他可怜，于是大发善心，要帮助他致富。那一天，富人送了他一头黄牛，嘱咐他要

好好开荒，待春天来了就撒上种子，那么到了秋天，就可以摆脱贫困了。这个穷人满怀希望地开始奋斗，牛要吃草，人要吃饭，没过几天，穷人的日子比起过去还艰难。这时候穷人想，要是把黄牛卖了，就能够买到几只羊，然后先杀一只吃，其他的还可以生小羊，等它们长大了再送到集市上去卖，我就可以赚更多的钱了。

他按照自己完美的计划去实行，当他吃了一只羊后，那些小羊迟迟没有生下来，他的日子又艰难了，于是他忍不住又吃了一只。"不如把羊卖了，再这样下去也不行，不如去买几只鸡，鸡生蛋的速度要快一些，鸡蛋立刻可以赚钱，日子立刻可以好转。"他又在心里打下如意算盘。

他将计划付诸实践，可是他贫困的生活并没有改变，艰难时，他又忍不住想杀鸡，最后杀到只剩下一只鸡时，他的理想彻底崩溃了。他想致富是无望了，还不如把鸡卖了，打一壶酒，三杯下肚，万事不愁。春天到了，发了善心的富人兴致勃勃送了种子来，竟然发现穷人正就着咸菜喝酒，牛早就没有了。富人转身走了。后来，穷人依然穷着。

　　我们从这个故事当中，能得到什么启示呢？

　　现在，有这样一些年轻人，他们每个月的收入，不管有多少，在月底一定要花光，再盼望下一个发薪的日子。这些年轻人被戏称为"月光族"。他们自己从来不做饭，等到钱花光时，才知道自己没钱了，可是他们却从来不知道钱是怎么花光的？他们也从不会拿出一小部分作为积蓄，以备在疾病或者失业等紧急的情况下使用；更不会去想到把这些钱用来投资，以钱生钱。

　　有一位年轻人，他总是这样对别人说："除了赚钱，什么事情我都能够干好！"他在外面漂泊了好多年，一点钱也没赚到，人们不理解这到底是怎么回事。这个人有抱负，讨人喜欢，性格也不错，但是在经济方面他总是不那么让人满意，只是在一年一年地徒劳着。最后，这个年轻人不得不向别人请教自己的问题出在什么地方。其实并不复杂，只是因为他对金钱的观念有些糟糕。一个富翁告诉他，如果我们从来不去改变考虑问题的方式，那么改变自己的经济状况则想都别想。后来，事情就开始发生了变化，他不再说："除了赚钱我什么都能够干好。"而是开始这样说："我什么事情都能够干好，也包括

赚钱在内。"在接下来的几年，这个人拜富翁为师，开始一步一步地改变自己的金钱观念，他开始赚到一些钱，并且在经济方面出人头地，现在人们对他的评价是——他是一个富翁。

想一想，没有财富的生活，怎么可能是优质生活呢？财富，是优质生活的一个最重要的保障。要想获得财富，首先要改变你的财商指数。金钱是一种可以给你尊严的东西！所以，一个人的财商指数，以及他对金钱的态度，直接地决定着他是否拥有一份优质的生活。

现在让我们来看看富人正确的金钱观。富人的富裕来自于正确的金钱观念和了解财富增值的运行轨道，并且拥有正确的心态。钱与事业往往是一个概念。富人能够赚钱，事业当然也不一般。

为什么有些人一辈子为金钱焦虑？为什么有的人在黄土地上耕种了一辈子，到头来还不能解决自己的温饱？

为什么有的人挣的钱总比他应该或能够挣的少？为什么有的人总是担心损失金钱而害怕投资？

下面，我们通过对比来看一下金钱观的重要性：

（1）财产与债务。首先要对自己的财产和债务状况认识清楚，只有这样，你才能成为真正的富人，这样的人具备较高

的财商指数。我们可以从一个更广阔的背景里去思考财产与债务。赋予它更多的内涵和外延，如情感、健康、心态、道德、社会责任等等。你可以把自己放在一个比较宽松的环境中去创造更多的财产。

（2）职业与事业。每个人赚取金钱的方式千差万别，靠为别人打工赚取钱财的人，换句话说，他们只是在关注别人的事业。

事业是不需要到场也能够带来现金流的一切。职业是必须亲自去做，并因此换取报酬的工作。不知道事业与职业的区别，是财务知识贫乏的表现之一。

（3）投资与消费。投资与消费是财富减少和增加的重要方面。穷人的消费是有多少花多少，而富人往往把消费变成一种投资。

投资和消费是可以转换的，有时富人的消费反而是一种投资，而穷人的投资则变成了一种消费。

穷人对微小的消费也斤斤计较，这是对金钱恐惧的一种表现。而富人敢于大胆地、合理地消费，因为他们知道转化。

（4）理想与手段。梦想是成功的第一步，但如果只有梦想而没有手段，那所有的梦想都只是幻想、空想或妄想。

　　手段的重要性是显而易见的，但所有的手段都必须依附于正确的思想，才能结出善意的硕果。每个人都有梦想，但许多人在现实之中无法实现自己的梦想，更多的人则是缺乏实现梦想的手段。要想过河，必须具备桥、船、飞机等交通工具，否则，"过河"只能是一种空想。

　　（5）致富之道在于积累。不少人都有这样的愿望，总梦想自己有朝一日能财源滚滚而来，潇洒地做一回大老板。但大多数人终其一生，却难以梦想成真。这是什么原因呢?因为有些人赚钱的心太急切了。小钱看不上，只想赚大钱，不明白小溪汇集在一起能积聚成大海的道理。

等待时机？还是创造时机

　　时间是一维的，是不可逆的，其宝贵之处就在于它的不可重复性。它也是改变人命运的标尺，看似无形，却产生有形的力量。

　　同样有着当外交家愿望的两个女孩，却演绎了两种人生。

　　小吴是个非常有才华的女孩，聪明伶俐，多才多艺，并说得一口流利的英语，很讨人喜欢，父母也都有很好的工作。她的理想是做一名外交官。她也很有亲和力，即便是刚刚认识的人也可以很快与她相熟。她周围的人也都觉得她非常适合做外交官，将来肯定能够如愿以偿。她自己经常说："如果有人能给我一次机会，我一定能成功。"小吴的同学小李是一个普通

的女孩儿，长相平平，说话也不是很流利，家庭条件也不是很好，父母也很普通。她也梦想成为外交官。

五年过去了，最终成为外交官的是小李而不是小吴！究竟是为什么呢？

原来，小吴虽然有很好的条件，但她没有去争取，总觉得自己水平足够高，完全可以胜任外交官的角色。于是一直在等待机会，希望一下子就能完成心愿，而机会始终也没有出现。没有一家单位会请没有任何经验的人去担当翻译，也更不会主动去外面寻找天才，因为每天都有很多人等在单位门口应聘。

而小李则一步步开始了她的梦想之路。由于没有稳定的收入来源，她白天去打工赚钱，晚上则到外语学校去听课，自学了许多专业课程。后来她又开始到旅行社面试，不断提升自己的实践能力和外文水平。最终，小李以出色成绩考入了一家外交机构，成为了一名外交官。

我们要心存这样的信念：

就在今天，我要开始工作；我要制订目标和计划；我要锻炼好身体；我要健全心理；我要克服恐惧忧虑；我要让人喜欢；我要让她幸福；我要走向成功与卓越。

奋斗是检阅青春价值的标尺

生活中，如果你怕苦怕难，停滞不前，那么它回报给你的就是碌碌无为。想要得到生活的最大报酬，你唯有选择奋斗。

我们是否能意识到，能够不懈地奋斗，是生活给予我们的最高报酬呢？尽管奋斗有时意味着艰难和曲折。

戴维爵士曾提醒刚入学的法拉第说："想成为一名科学工作者，不但需要付出艰苦的劳动，而且报酬极其微薄。"对于刚刚进入英国皇家学院从事科研工作的法拉第来说，这些并没成为他前进路途中的障碍。他毅然回答说："这工作本身就是很高的报酬。"能够在极其艰苦的科学研究工作中，体会到无

穷的乐趣，并进一步在科学之路上取得大的成功，这些对他来说是最大的报酬，也是他想向生活索取的。

我们也许很不理解，还会产生疑惑。难道说勤奋工作的目的，不是为了获得应有的声望和财富吗？提出这种疑问的人，也许他不知道奋斗过程中的所获所得，更不知道这些是无法用金钱来衡量的。当我们获得忍耐和自信的时候，这恰恰是我们执着奋斗的结果，也是我们能够在这个过程中忍受讥讽嘲笑而不为之所动的原因；当我们在奋斗中屡败屡战时，我们获得的是坚定的信念和"行到水穷处，坐看云起时"的豁然心态；也许在奋斗的过程中，会面临各种诱惑，而你能视富贵如浮云时，那么你所获得的就是一份完善的人格。人生只有奋斗，生命的躁动和灵魂的升华才可以被我们体验到，辉煌灿烂的人生才能够由自己去书写。

奋斗，是改造客观世界与主观世界的结合。把人类从蒸汽时代推进到电气时代，是他奋斗的结果。正是因为奋斗，它能够使我们获得造福人类的机会，又有谁能说这不是最大的报酬呢？当老师看到学生们茁壮成长，当士兵看到人们安居乐业，医生看见病人重拾笑容，当科学家们看到"神六"升空，他们能不欣喜于自己不懈的奋斗吗？造福人民，造福社会，是我们

最高的理想。只有动机不纯，才会把奋斗看成是苦不堪言的必经阶段。

　　"生命不息，奋斗不已"，它告诉我们奋斗并不是一时的心血来潮，而是应该用一生的努力去付出，应该切切实实地从小事做起。我们要记住古人"一屋不扫，何以扫天下"的教诲，踏踏实实地工作，在奋斗中实现自己的人生价值。

模仿是通往卓越的捷径

不知道你有没有这样一种感觉，在你周围生活着的人的种种经历，或多或少，也与你的经历有着交集，他们经历的，有一部分你也在经历。

有位年轻人向一位成功人士请教，如何才能像他一样的成功？那位成功人士告诉他四条建议：第一，要成功必须向成功者学习；第二，要成功必须与成功者为伍；第三，模仿成功者的精神；第四，拷贝成功者的心序。

安东尼说："模仿可以使人快速成功。"

安东尼说："有些人之所以能达成目标，是付出多年努力

的成果。他们历经无数失败，才总结出一套特别的经验。"所以别人能够做到的，你同样也能够做到。最简单的办法就是参照成功人士是怎么做的，这和你的意愿是没有关系的，你要懂得使用一种方法。他说："你只要走进使他们成功的经验中，不需要花费像他们那样多的时间，那么过不了多久你就可以达到像他们那样的成就，切记不要走他们的老路。"这个经验是他从一次成功模仿创造射击奇迹当中获得的。

　　一次，美国陆军与安东尼合作，他们之间签订了协议。其内容就是要求安东尼对陆军进行射击训练。训练初始阶段，安东尼没有采取任何行动，而是找来两名神射手，他观察两人的射击过程，并从中总结了神射手心理上及生理上与别人的不同之处，他还建立了正确的射击要领。然后，开始对学员进行一天半的课程训练。课后的测试结果显示，凡是参加训练人员全部及格，并且被列为最优等级的人数竟是以往的三倍多。

　　与陆军合作的这次活动，安东尼得出的结论是：模仿是通往卓越的捷径。

　　"就我看来，模仿是通往卓越的捷径，也就是说如果我看见哪个人作出我心美的成就，那么只要我愿意付出时间和努

力，就可以作出相同的结果来。如果你想成功，你只要能找出一种方式去模仿那些成功者，便能如愿。"

往往都是那些擅长模仿的人，能成为推动和震撼世界的人。

人生大部分的学习，其实就是从他人的成功里汲取经验。模仿别人时既可紧紧追随，也可进行有选择的追随或保持一段距离的追随。要模仿卓越，你就得像个侦探，像个测量员，不断地质疑并找出他们得以成功的轨迹来。

那么怎样模仿呢？可以从以下四点做起。

第一，模仿成功者的精神。

人类任何形式的成功，如果想要再次重现，就必须从三个基本方向出发，这一理论由班德勒和葛林德发现。这三种形式的心理与生理活动，紧紧地扣住人们所想要的结果，你可以把它们想象成三道通往华丽酒会大厅的大门。第一道门代表一个人的信念系统。如果能够模仿成功者的信念系统，你也可能产生类似的结果。第二道要打开的门，称为心智序列，那是指一个人思想组成的方式。第三道门叫作生理状态。

第二，抓住成功者的心序。

安东尼说："对于一切事物，我们都有不同的感受方式，且造成不同的结果。当你懂得运用心序的方法，便能随机应

变；若你能知别人的心序，便能抓住其意图而投其所好了。"

即使你只有一点点，或全然没有任何背景概念且情况不乐观时，只要你能找出有成就之人的特殊要领并复制一番，就能在比你原先花费的更短时间内，达到类似的结果。要模仿某人，你就得同样地模仿他的内心体验、信念系统以及基本的心序，否则你只是在模仿他的肢体动作。

第三，要成功必须向成功者学习。

著名专家陈安之说："成功最重要的秘诀，就是要用已经证明有效的成功方法。你必须向成功者学习，做成功者所做的事情，了解成功者的思考模式，加以运用到自己身上，然后再以自己的风格，创出一套自己的成功哲学和理论。"

有个日本人想了解美国竞争对手的情况，只身来到美国，并观察这个企业的情况。一天，美国公司的总经理乘车外出，在门口不小心把日本人的腿撞断。总经理非常内疚，想用钱补偿，日本人说，他没有工作，希望能在公司里做事，总经理一口答应下来。于是，这个日本人进入了竞争对手的公司卧底，并学到了他想要的东西。

一年后，日本人突然消失，美国的技术出现在日本。这个

人可谓是用了代价高昂的学习方式。

　　第四，要成功必须与成功者在一起。

　　成功者自有成功者的道理，要想学习成功者，你必须想方设法接近成功者，并与成功者在一起。只有这样，你才能真正学到成功者的思维方式和经验。

　　成功的道理很多，有些是能写到书上的，还有很多是无法写到书上的，要学习那些无法写到书本上的真经，则必须与成功者同伍。

第六章

优质的生活

珍惜生命，珍视健康

　　只有看透了生活全部意义的人，才不会随便死去，哪怕只有一点机会，就不能放弃生活。一个人只有热爱生活、热爱生命，才能为自己的事业倾注足够的热情，才能在自己的领域中作出杰出的成就。正是由于对生活、对生命的热爱，我们才会肯定生命，即使在人生最惨淡的时候，也要让生命充满活力。哲学家尼采认为，生命的本质就是激昂向上、充满创造冲动的意志。因此，拥有生命的我们，一定要使生命充满活力和热情，要使工作充满热忱和欢快。

　　在美丽多姿、一碧万顷、富饶辽阔的大草原上，青草散发

着诱人的迷香，各种动物在快乐尽情地狂奔着、追逐着、跃动着，到处都是生机盎然的景象。

只见两只羚羊从远处走来，一前一后，前面是一只雄壮的羚羊父亲，而后跟着它的羚羊女儿。它们在悠然自得地品尝着美味的大餐，似乎这草原就是为它们准备的，有许多鲜美青嫩的绿油油的小草。

而在幽深的草丛中，早有一只小猎豹静候在那儿了。这只小猎豹刚刚学会捕猎，所以一直在等待时机，等待猎物的出现，蓄势待发。

两只羚羊全然不知死神在一点一点地悄悄向它们接近。小猎豹悄无声息地向它们靠近，眼中闪着凶残阴冷的光。它看准时机，突然一个飞跃，以闪电般的速度跳出草丛，向小羚羊飞奔，小羚羊受到震惊，惊慌失措地向远方逃去，但它不是猎豹的对手，眼看就要成为猎豹的晚餐了。雄羚羊见状，发出了一声长长的嘶鸣，小猎豹转变了方向，把目标对准了雄羚羊，只见雄羚羊向着相反的方向飞奔。一场生死角逐拉开帷幕。

小猎豹以迅雷不及掩耳的速度向前飞奔着、冲刺着，在

即将追上目标的刹那，它飞跃而起，用它如刃的利爪扑向雄羚羊，顷刻间雄羚羊的背部血如泉涌。虽然背部的疼痛让雄羚羊损耗了体力，但它并没有向敌人示弱，反倒是用尽全身的力气和小猎豹进行着殊死搏斗。时间在一分一秒地过去，小猎豹的体力也削弱了很多，况且它并不适应持久的搏斗，以至于放松了警惕，雄雄羚找准时机，用它那硬硬的角刺向小猎豹，小猎豹来不及闪躲，只听一声痛苦的嚎叫，尖利的角刺进了小猎豹的眼睛，只听一声痛苦的嚎叫后，它跌倒在肥美的草原上，在丢掉了一只眼睛后，小猎豹放弃了计划作为晚餐的猎物。

雄羚羊拖着满身伤痕的身躯疲惫地向远方跑去，傍晚时分，它终于找到了自己的女儿，有气无力地将刚才所发生的一切告诉小羚羊，并且作最后的嘱托与叮咛："以后当你长大的时候，会经常遇到这种情况，所以你必须有一个信念，就是时刻都不忘逃生，拼命地跑，因为对于豹来说，它只是少了晚餐，而对于你而言，却赔了性命，决不能轻易放弃生命。"说完后，雄羚羊倒在血泊中，永远地离开了这个世界。

体者，载知识之车，寓道德之所也。渊博的知识和高尚的道德都存在于一个人的身体当中。没有了身体，一切都将灰飞

烟灭。

　　无论在任何时候都不能轻易地放弃宝贵的生命。

　　拥有健康，我们就拥有一切，失去了健康，我们也随之失去了世界上的一切。也许我们不能想象屋子倒塌的情形，然而有一天房子真的要倒塌了，我们仍然可以自救，因为我们可以迅速地逃离这个危险的地方，搬到一个安全的地方居住。可是如果我们的身体垮了，就不是搬家能够解决的问题了，或许我们还可以再搬，那就是搬到另外一个世界去了。

　　《伊索寓言》里讲了这样一个故事：

　　在一个遥远的小村落，生活着一个很穷的农夫。一天，他奇迹般地发现在鹅窝里有一个金光闪闪的蛋，而且还是纯金的。从这以后，他每天都要去鹅窝里面取一只金蛋。过了些时日，农夫的生活日益富有，可是此时，他的心却越来越贪婪，以至于没有耐心等待每天一只的金蛋。他想一次性拿到鹅身体里面的所有金子，于是，他杀死了这只鹅，结果是他什么也没有得到。

　　在生活中，有时常常像愚蠢的农夫，用牺牲根本的代价（鹅——人的身体）来提高产出（金蛋——财富）的事情。每

年，都有很多人因为过度辛苦和劳累，在追逐事业高峰的同时，身体被严重透支，产生了"过劳死"的现象。这种过劳死是因为工作时间过长，劳动强度加大，心理压力过大，存在精疲力竭的亚健康状态，积重难返，突然引发身体潜藏的疾病急速恶化，救治不及，继而丧命。有人将其定义为，由于长期的慢性疲劳而诱发的猝死。相比较而言，下面这些成功的人士，都是在高效地利用自己的才智、精力和体力。因为他们明白，把这些空耗掉了，无论如何也干不出来伟大的事业。

美国的"石油大王"洛克菲勒，他的资产过亿，是众所周知的亿万富翁，他又是健康长寿的佼佼者，活到98岁的高龄；"发明大王"爱迪生活了84岁；"钢铁大王"卡耐基活到84岁；日本企业巨子松下幸之助活到90多岁；美国成功学家拿破仑·希尔活到87岁；日理万机的毛泽东，也活了83岁。他们都做到了既健康长寿又事业成功。

所以说，维持我们的健康，是生活的第一要务。同时，健康是生活的第一资本，也是事业的第一资本。你对健康的任何一点损害，都是在浪费自己的金钱和减少自己成功的机会。健康是我们能够存活于世所必备的基本要素。

给生命解压

　　课堂上，一位老师端起一杯水，问在座的学生："同学们认为这杯水有多重？"有的学生说400克，有的说500克，不等。老师则说："这杯水的重量并不重要，重要的是你能够端住它多久？端一分钟，大家觉得没有什么问题；端一个小时，可能会觉得手酸；端一天，可能你就要叫救护车了。其实，这杯水的重量始终是一样的，但是你端得越久，就越会觉得沉重。我们承担的压力也一样，如果我们一直把压力放在身上，不管时间长短，到最后我们都会觉得压力越来越沉重而无法承担。我们必须做的是放下这杯水，休息一会儿，然后再将它端起来，这样我们才能够端得更久。"

　　快节奏的都市生活中，每个人身上或多或少都有着形形色色、多个方面的压力。这样时间长了，就会有种力不从心的感觉，有一种紧张、焦虑的情绪状态，同时也提不起精神做事情。当身上肩负来自各方面的压力，无法释放时，时间一长，心灵和身体都不堪沉重的压力，于是紧张、焦虑、失眠、性欲减退、亚健康等接踵而来。所以为生命减压成为当前最时尚的说法，它对于提高人们的生活质量，维护自身身体健康有重要的作用。用来减压的方法有很多，挑选一下，看看你适合哪一种。

　　（1）去自然养生馆做理疗。提起去自然养生馆，或许更多的人想到的是，它应该是女性专属。然而并非如此，男人也可以理疗。当你走进自然养生馆的理疗间，首先便能闻到那芳香精油散发的独特味道，然后再来一杯热饮，让它温暖你的身体，再把老化的皮肤角质交给牛奶、燕麦和海盐，在宽大的按摩浴缸中放松每一根神经，直到彻底把压力和污垢一并赶出体外。这是一种不错的减压方式，你可以根据自己的年龄、肤质和体质量身定作一套适合自己的方案。它不仅耗时不多，而且效果也不错，叮以每周抽出两个小时去理疗一次，它会让你重拾青春的气息。

　　（2）享受丰盛美餐。每天，我们的大脑都在高速运转

着，这种运动会消耗极大能量，当外界的事物使你感觉到压力时，它首先是"高压"的最先受害者，同时给大脑带来营养的缺乏，所以及时给它输送养料非常重要。你可以和谈得来的同学和朋友吃顿营养丰富的晚餐，听舒缓的音乐，把公事抛之脑外，不要吃那些刺激的食物，然后再来一点香醇的葡萄酒，让那一切烦恼都抛至九霄云外，要把时间控制在一两个小时之内。当享受了这顿轻松惬意的大餐后，你会感觉生活原来如此美妙。

（3）放慢跑步的速度，加快行走的步伐。清晨起床或者傍晚时分，你可以到公园或操场慢慢地跑、快快地走。这种方法是一种缓解压力的好办法，而且它简便易行。最好去室外运动，一般情况下室外的空气质量都比室内要好。慢跑快走不仅可以减压，而且对保持骨骼健康也很有帮助，经常慢跑快走的人与其他人相比，腿骨的密度平均要提高5%。

（4）峰谷浪尖终极享受。如果你经常去桑拿房或使用按摩浴缸，建议你来一套沐浴的"终极享受"，向压力发起猛攻，先是感受水流冲击和抚触的震撼，然后在能直接面对生存压力的桑拿房里以毒攻毒，最后冷热水交替淋浴，让肌肉和皮肤在温度的变化中极度放松，整套下来，一个高质量的睡眠将让你第二天信心十足。

规律的生活

　　中国社科院边疆史地研究中心学者萧亮中，于2003年1月5日的凌晨，在睡梦中突然与世长辞，年仅32岁。长期不规律的生活、过度的劳累、沉重的生活、超负荷的工作压力是造成他死亡的主要原因。类似这样的例子还有很多，像46岁的清华教授高文焕等等。一个不重健康的人，他的生活和事业终究也是昙花一现。因为没有健康，智慧无从展现，文化无从施展，力量不能战斗，财富便成为废物。

　　一位30多岁的女性突然患上急性心脏病，抢救无效死亡。医生后来检测到，致使她病故的原因是因为她的身体里含有大

量的铅元素，从她家人那儿得知，她从18岁就开始涂口红。

一位男士结婚几年不能生育，去医院检查，医生告知，他长期穿牛仔裤，因为压迫会阴部，影响睾丸的散热和血液循环，因为时间过长，从而影响生育。

世界卫生组织公布的人均希望寿命，我国排在80多位以后。进入21世纪后，生活方式是威胁人类健康和生命的"头号杀手"。由于不良的生活习惯，随着人们物质和文化生活的不断提高，人们在吃、穿、住、玩和用等方面追求新潮、时髦所产生的一些不利于人体健康的生活因素所引起的。通常被称为"生活方式病"。诸如娱乐病、度假病、家电病、高楼病、居室病、装修病等等。

在我们的周围和现实生活中，有很多人没有严肃认真地对待自己的生活和健康，他们往往没有想过，或者根本不想用科学的方法来限制自己的不良生活和行为，随心所欲地过着极不利于健康的生活。大家应该静下心来，反思一下自己多年的生活方式。

（1）经常暴饮、暴食，每天摄入过多的脂肪、糖、盐，过少地摄入新鲜蔬果。

（2）热量过高、饮食过精，维生素和微量元素摄入不足。

（3）比如嗜烟、酗酒、嗜药。

（4）缺乏体育锻炼，平时很少参加活动。没有乐观进取的生活态度。

（5）精神紧张，情绪不稳，经常发怒，整日忧愁，睡眠不足。

（6）不讲公德，损人利己。

（7）过度的贪婪，人际关系紧张，家庭不和睦，工作不能胜任，生活不规律，过着孤单的生活。

（8）有不正当的性行为、不健康的夜生活、个人卫生差等等。

生活方式的调整，尽管它不可以彻底摆脱疾病的困扰，可是它可以起到预防、控制疾病和改善病情的目的。

西方发达国家十分重视人类生活方式的改变，好多国家早已着手实施"生活方式行动计划"。据英国的一份医疗报告显示，生活方式的改变，对国民的健康状况，会有很大的改善，健康和良好的生活掌握在自己的手中。改变自己的生活方式，实际上不用花费很多钱，但是对人们的健康确是至关重要的，对生活是十分有利的。

一旦感到身心疲惫，生活乏味，遇到任何事情都提不起

精神、引不起来兴趣时，就要多睡一会儿，或者到乡间去散散步。抽空到乡间去散步、旅行、爬山、游泳，就会赶走那些忧愁的情绪，苦闷的感觉。使人变得精神振奋、愉快舒适。一个人只有懂得自我珍重，不为游荡淫秽所引诱，珍惜自己的脑力和体力，做到脑力和体力的平衡，才是一个懂得生活的人，同时你拥有健康的体魄、成功的事业、和谐的家庭，当然会拥有优质的生活。

健康的生活方式

　　许多人为了赚钱而忽视了健康，或者被眼前诱人的美食、舒适的享受所迷惑，沉浸其中，丝毫觉察不出来由此带来的危害。如果把一只青蛙放到热水里面，它会很快跳出来，但是如果把它放进冷水里面，用小火慢慢地煮，直到它快被煮熟时，才明白一切，可是逃命为时已晚，它不会跳出来改变命运。这就是生活方式给我们带来的危害。许多人都没有意识到，自己上了生活方式的当。我们不仅要有良好的生活，还要有健康的身体，想有一个健康的身体，就要有一个健康的生活方式来为我们引航。

　　对生活方式经常地进行自我检测，可以让我们更加具体地知道自己的生活方式是否健康。当你回答完下面的11道测试问题，你就可以知道自己的生活方式和习惯是否健康，这有助于你了解你自己的生活方式和习惯，不仅可以扬长补短，而且还可以增加自己的健康财富。

　　1.关于喝酒

　　（1）我有喝酒的习惯，每天都会喝一些。啤酒（2听以下）或者葡萄酒少于4两或者烈性酒少于2两。；

　　（2）很长一段时间，每当我喝（2听以上）啤酒的时候，绝不会去开车。

　　（3）我从不会用喝酒的方式来缓解忧郁的情绪，即使是我精神压力很大的时候。

　　（4）喝酒后我不会做没有理智的事情。

　　（5）我的生活并没有因为喝酒而带来困扰和麻烦。

　　2.关于吸烟

　　（1）我没有吸烟的习惯。

　　（2）在过去一年里我也没有吸烟。

　　（3）在过去一年里我不仅没有吸烟甚至没有嚼过烟糖。

3.关于血压

（1）在过去的六个月内我检查血压，一切正常。

（2）我从来没有过高血压。

（3）现在的我也没有高血压。

（4）我的口味很清淡，并且很注意食物中的盐，我从不吃含盐高的食物。

（5）我的直系亲属没有人有高血压。

3.关于体重和身体的脂肪水平

（1）根据标准的体重和高度表我的体重是属于正常。

（2）在过去一年里我并不需要减肥。

（3）我身上没有一块脂肪是多余的，我的身体很健壮。

（4）我对自己的身体和体形很满意。

（5）家人，朋友和医生都认为我没有必要减肥。

5.关于锻炼

（1）我每个星期至少锻炼三次，每次至少锻炼30分钟。

（2）我静止时候的脉搏是每分钟70下或者更少。

（3）当我做体育锻炼的时候，我并没有感到很容易累。

（4）我喜欢一些运动，比如说游泳，打球，每个星期都要做1次。

（5）我觉得我的锻炼水平是高过我这个年龄组的大多数人的。

6.关于精神压力和焦虑

（1）我觉得我很容易放松。

（2）我比大多数人更能对付压力。

（3）我睡眠很好。

（4）我很少感到紧张和焦虑。

（5）我能很好地完成各项任务。

7.关于驾车

（1）我开车总是系上安全带。

（2）我坐车也总是系上安全带。

（3）我在过去的三年中从来没有出过交通事故。

（4）我在过去的三年中从来没有开快车。

（5）我从来没有酒后开车。

（6）我从来没有坐过喝过酒的人开的车。

（7）我每年开车少于17000公里。

8.关于人际关系

（1）我对我的社会人际关系很满意。

（2）我有很多亲密的朋友。

（3）我能告诉我的伴侣或其他家庭成员我的各种感觉。

（4）当我有问题的时候，我可以跟我的朋友讨论。

（5）当可以选择自己单独做或者和其他人一起做事的时候，我通常选择和其他人一起做。

9.关于休息和睡眠

（1）我每个晚上都能睡7~8个小时。

（2）我入睡的时间总是少于20分钟。

（3）我在夜里醒来的次数很少，一般不会醒来。

（4）我早上醒来后觉得睡得很好，精力充沛。

（5）我大多数时间觉得自己精力充沛。

10.关于生活满意程度

（1）如果我从头活一次，我觉得并不需要改变很多。

（2）我完成了大部分我在这一生中想做的事情。

（3）我很幸福，记不起有什么让我不满意的事。

（4）我觉得比大多数儿时伙伴成功。

（5）我觉得自己的婚姻很美满。

11.关于性生活

（1）我觉得自己的性生活很满意。

（2）我只有一个固定的性伴侣。

（3）我从不随便与陌生人性交。

（4）我从不为钱或利与人性交。

请回答上面的每一个问题，如果适合您的情况就打1分，然后把分数加起来。

如果您的分数在45～55分，那么说明您的生活方式和习惯，比大多数人都健康；如果您的分数在25～44分，说明您的生活方式和习惯和大多数人差不多的，有改善的机会；如果您的分数在0～24分，说明您的生活方式和习惯很不健康，须加改善。如果分数在3分以下，那么在任何一个方面都请积极加以改善。

自己的健康状况不佳要痛下决心，彻底改变一下现在的生活习惯，抵制恶习，把健康夺回来。生活方式不良，如果不能立即彻底改变，难以赢得良好的生活和健康。

健康的生活准则

医学研究表明，拥有健康的生活方式，不仅使人身体健康、防病治病，而且还可以延年益寿。专家得出的结论是：

均衡的饮食结构能使人再增寿15～20年，经常服用净化胃肠道吸附剂和消除游离基的抗氧化剂，可以使人再增寿 5 ～7 年，正确地选择适合自己的维生素疗法，特别是在40岁之后，又能够使人生命延长3～5年。如果每天都在新鲜的空气里漫步，这将能够使你远离衰老3～5年，因此健康的生活方式至少可以使人多活30年。

现在人们普遍地意识到，健康就是最大的财富；健康就是

幸福；人可以没有一切，但是不能没有健康，而健康又与健康的生活方式密切相关。因此，各种各样的健康生活方式已经在世界各地流行，其主要有以下十几种健康的生活方式：

1．挺胸抬头

生活节奏快，不仅使人易患急躁症（例如对于排队等待、交通堵塞或者等待电子邮件下载时十分生气、不耐烦），而且还"来也匆匆，去也匆匆"，"埋头苦干"以及"猫腰赶路"等。针对这种情况，美国密苏里州大学的专家指出，抬头挺胸，不仅令人有气质，看上去年轻而精力充沛，而且，抬头还有助于减轻腰骨痛，挺胸又会减少脊椎的负荷。

2．以步当车

以车代步曾盛行于发达国家，现在，有许多人却反其道而行之，即以步代车，能步行就步行。因为以步当车日久，可以有效地防止骨骼退化，增强心肺功能，还有利于新陈代谢和减肥。所以，日本的专家认为，现代人每天的步行，不要少于5000步。伏案工作者每天的步行最好在1万步以上。

3．多行善事

多行善事，能保健康。有些人认为助人为乐，帮人之困，济人之危，可以使你心情舒畅，能够获得一种难以名状的心理

满足。这有助于强化人的免疫系统，调节身心，有利于健康长寿。科学研究表明，当人们看了利他主义的电影时，或者做好事时，则他们的免疫功能增强。一些研究资料表明，多行不义，久必伤身。

4．尽量少食肉

近来流行素食风，因为专家认为，当人们在大量的食用各种肉类食品时，会诱发某些疾病，同时还会加重心脑血管疾病。不食肉或者少食肉已成为越来越多的人的进食原则，以保持身体健康。长期食肉过多对健康不利，而长期完全素食，也对健康不利。

5．常去晒太阳

现代人们推崇有空就晒太阳的阳光沐浴生活方式。经常接受阳光的适当照射，可以有助于身体接受大量的维生素D，更加利于牙齿和骨骼的健康。在欧美一些国家的人民中十分盛行阳光浴。然而，晒太阳过多也会对身体健康不利，这很容易使人患上皮肤癌。所以，阳光是良药，剂量是关键。这一点人们应该牢记心中。

6．在细雨中步行

在霏霏细雨中逛街或者散步，是现代欧美人的一种生活

时尚。绵绵细雨可以洗涤尘埃，净化空气，增加空气的负氧离子，对人的肺与大脑的保健大有裨益。但是不能在狂风暴雨或者大雨中散步或者锻炼，否则，就会损害健康。

7. 经常唱一些歌

美国马里兰大学的专家倡导，经常唱歌，有益于健康长寿。因为唱歌有益于大脑的逻辑思维，而且唱歌时声带、肺部、胸肌等能够得到良好的锻炼。所以，中老年人应该像年轻人那样，在无事时，引吭高歌，离退休的老人，可以参加合唱队。有些城市组织了老年人合唱团，也是对老年人健康的一种关怀。但是，唱歌的时候，最好选择空气新鲜的场所，有条件的时候，应去郊外引吭高歌。

8. 注意饭后休息

现代人认为，饭后应该稍事休息或者卧床休息片刻，大约30分钟左右，再去散步或者做其他的一些事情，更加有利于食物的消化吸收、胃肠保养和肝脏功能的养护。因此，在日本以及韩国，"饭后稍事休息，再去百步走"已成为一种健康养生的一种大众之举。近来，专家们提出了饭后的"七不宜"，即：不要吸烟、不吃水果、不放裤带、不要喝茶、不要洗澡、不要"百步走"、不要睡觉。

9．静坐思，降血压

每天静坐冥想 1 ～ 2 次，每次大约30分钟，排除杂念，放松身心，有助于解除神经性头痛，降血压。在美国得克萨斯州的居民中已流行这种健康风。

10．享受天伦之乐

中庸之道引进家庭之中。全家人和睦相处，互尊互敬，互谅互让，在业余时间，夫妻互诉衷肠，爷孙共同游戏，共享天伦之乐，在日本、东南亚的一些国家颇为流行。天伦之乐，是人生的一大享受，也是轻松的健康休闲方式之一。可惜，我国越来越多的"空巢"老人，却被剥夺了这种享受。

11．平和的家庭氛围

这是指要注意早晨家庭气氛和谐。俗话说："一日之计在于晨"。这句话也适用于处理家事。夫妻之间、父子之间、母女之间的态度和情绪如何，对一天情绪将产生很大的影响。所以，早晨起来之后，不仅夫妻之间要多说互相鼓励的话，对孩子也要多说一些关心的话，造成和谐的气氛，使全家人都能心情愉快地工作和学习。这种注意早晨的家庭气氛和谐，也应该成为一种健康的生活方式。

12. 切勿纵欲

有些人色欲大，养情妇，甚至乱找女人。这不仅影响健康，而且还与腐败紧密相联，媒体所披露的大"蛀虫"，都是贪色之徒。节制色欲是一大健康生活方式。唐代名医孙思邈说："务存节欲以广养生。"告诫人们不可以纵欲。节欲应做到：阴阳好合，接御有度。强调房事安排要适宜；夫妻年龄应相当；妖艳莫贪，自心莫乱，即不贪色欲，勿作妄想，生活不腐化；奢药壮阳，诸恙丛生。人们乱用"伟哥"，必然影响寿命。总之，色欲知戒，可以延年益寿，是中年人的健康生活方式。

13. 经常下厨房

日本的营原明子认为，男人下厨房有益于健康。她建议各位男士学做"家庭厨师"。做饭菜，可以刺激五感，培养创造力，增强体力，加强发射神经和美感，还可以预防"生活方式病"。切菜可以保持大脑的兴奋。烹调时，又能够发挥人的能力。一般说来，人们在工作的时候只是使用左脑，但若是做饭菜，人的右脑会越来越发达。如果左脑、右脑保持平衡，大脑的利用效率就将提高。做美味的佳肴，可以在不知不觉当中培养许多的能力，比如正确的判断力，敏捷的动作以及用大脑分

析并再现过去吃过的美味佳肴的创造力等。因此，我们将下厨房（尤其是男人下厨房）也作为人们的一种健康的生活方式。

14. 习惯于读书

生理学家认为，读书好像服用"超级维生素"，可以促使大脑、性格，甚至身体充满活力，不论男女老少，都可以通过读书学习活动，促进身心健康。由于经常用的器官就健康、发达，而不用的、少用的器官易变；精神刺激又可以调节人体的免疫功能。因此，德国不少医院为病人开设专门的图书室，引导病人沉湎于书中，康复很快。在国外，读书疗法，已成为一种时尚，许多专家认为，勤奋学习、读书是促进健康长寿的良方。在我国《内经》中，就有"聚精会神是养身大法"之说。读书不仅可促健康，还可治病。但读什么书应依据病人的心理状态和知识水平。这就是说，书籍治病方法只对能读书和喜欢读书的人有效。不仅神经性病人可用书籍治病法，而且，心理性病人也可用书籍治疗。所以经常读有益的书是知识分子的一条养生大法，也是他们的一种健康的生活方式。

15. 顺应节气规律

顺应人体的"生物节律"，不违背人体的"生物节律"是保证人健康长寿的良方。确定一个人的精神、情绪的好坏是生

物节律。在人体的生物节律中，除了分为昼夜节律、月节律和年节律等生物钟周期外，还有如下生物节律：

（1）体力节律：它又称为体力周期，决定人的精力、体力状况，其周期为23天。

（2）情绪周期：它又称为情感周期，是指一个人的情感高潮和低潮的交替过程中所经历的时间，决定人的情感和精神状况，其周期为28天。

（3）智力定律：它又称为智力周期，决定人的智力状况，其周期为33天。

上述生物三节律，从一个人出生之日起，到去世为止，自始至终没有变化，而且不受任何后天的影响。这三种生物节律呈现正弦曲线变化，依次为高潮期、低潮期和临界日。如情感周期处于高潮的人，表现出强烈的生命活力，对人和蔼可亲，感情丰富，做事情认真，易于接受别人的规劝，精神愉快。相反，处于情感周期低潮的人，则易发脾气，急躁，容易产生反抗情绪，喜怒无常，常感到孤独和寂寞等。

由于这三种生物节律的周期不同，在时间上有一定的差异，如果有一天，两种节律的临界期同时来临，这一天就称为双重临界期。在临界期期间，人的机体功能极不稳定，容易发

生各种事故，而临界期的重合更加剧了事故发生的可能性。为此，人们不仅要顺应生物节律，即在其高潮期多学习、工作，而在临界期（尤其是双重临界期），尽量安排休息，并且多加防护，减少事故的发生。那么，你怎样才能知道自己的体力、情绪、智力周期处于哪个阶段呢？例如，情感周期的计算方法是：

总天数＝365×周岁+（从出生到现在的闰年数）+（今年的生日至今天的天数）再将总天数被28除，所得的余数，就是你想了解的那一天情感周期活动的位置。若你想了解的那一天是在当年的生日之前，公式中的第三项就采用减法。

举例：张某生于1952年5月8日，他想了解自己在1988年6月8日的情感活动状况，其计算方法是：

总天数＝365×36+9+30=13179

13179÷28=470……19

可见张某在1988年6月8日的情绪活动正处于低潮期。因为，每一个周期的前一半时间为"高潮期"，后一半时间为"低潮期"。由高潮向低潮或者由低潮向高潮过渡的时间为"临界期"，一般为2～3天。今张某在1988年6月8日，已处在他的情感周期的第19天，虽已过"临界期"（13～16天），但

处在后一半时间（14～28天）中，故处于"低潮期"。在"低潮期"尤其是临界期，应加强自我调整，让其平安度过临界期，就能够提高效率，避免疲劳和事故，促进健康。因此，顺其生物节律作息，也是人们的一种健康的生活方式。

我们将人们理想的生活方式，主要概括为"衣、食、住、行、习、情、思、德、文、际"十个字所包含的各种健康的生活内容。人们要保持健康长寿，需要综合地养成这些方面的健康的生活方式。只有如此才能拥有优质的生活。

生命在于运动

　　工作可以使人感受宁静，运动可以使人感受激情。下面向大家介绍几种有益、简便易行的运动方式。首先运动前的准备：空腹时和刚吃完饭时，不是运动的最佳时机，最佳时机是用餐后休息半小时至一个小时再去运动。运动时所选择的鞋，鞋底应有弹性且厚一些，因为这样可以减轻脚和膝关节的负担。

　　1.骑单车

　　刚开始运动时，骑行的速度不要过快，把时间控制在半小时以内，如运动的过程之中感觉到疲劳，就要隔一段时间，慢速骑三分钟用以恢复体力。这样运动一段时间以后，再依据个人特点

逐渐增加运动的强度和持续时间。骑车有不同的方式，可以长时间的慢速骑行，这样，如果持续20分钟以上，会"燃烧"更多的脂肪来供给能量，它比较适合以减脂为目的的肥胖人群。

快些速度骑车，可以提高心率。

亦快亦慢的骑车方式，这种运动方式不仅能够兼顾有氧能力、无氧能力、心肺功能外，而且还能增加运动的乐趣。有了科学的指导，采用更合理的快慢结合锻炼方式，还会取得更好的健身效果。运动时这几种方式最好是以其中一种为主同时以其他方式为辅，多种运动方式交替进行，会达到更好的锻炼效果。

2. 慢跑

一个人单独跑步时，不会产生竞争感，因为如果与别人同跑，会不由自主地产生超过自己体力标准的跑步速度。跑步时，力量运用适中，既不能太过用力，也不能不用力，一切都要以自己体力为基准来调整。初跑时的前20分钟，找一个合乎自我体力的慢跑速度，因为要想慢跑时间长久一些，首先一定要注意控制速度。如果可以做到的话，最好每个星期运动三四次，每次慢跑一小时。深呼吸很有效。正确的呼吸方法是用鼻子和嘴巴同时吸进空气，吐气时要用力。如果感觉到有点呼吸困难时，要稍微降低速度。